Günter Wahl

Tesla Phänomene

Günter Wahl

Tesla
Phänomene

- Hochstrom- und Solid-State-Teslageneratoren
- Tesla-/Mikrowellen-Richtstrahlen
- Elektrodynamische Wirbel

Bibliografische Information der Deutschen Bibliothek

Die Deutsche Bibliothek verzeichnet diese Publikation in der Deutschen Nationalbibliografie;
detaillierte Daten sind im Internet über http://dnb.ddb.de abrufbar.

Alle Angaben in diesem Buch wurden vom Autor mit größter Sorgfalt erarbeitet bzw. zusammengestellt und unter Einschaltung wirksamer Kontrollmaßnahmen reproduziert. Trotzdem sind Fehler nicht ganz auszuschließen. Der Verlag und der Autor sehen sich deshalb gezwungen, darauf hinzuweisen, dass sie weder eine Garantie noch die juristische Verantwortung oder irgendeine Haftung für Folgen, die auf fehlerhafte Angaben zurückgehen, übernehmen können. Für die Mitteilung etwaiger Fehler sind Verlag und Autor jederzeit dankbar. Internetadressen oder Versionsnummern stellen den bei Redaktionsschluss verfügbaren Informationsstand dar. Verlag und Autor übernehmen keinerlei Verantwortung oder Haftung für Veränderungen, die sich aus nicht von ihnen zu vertretenden Umständen ergeben. Evtl. beigefügte oder zum Download angebotene Dateien und Informationen dienen ausschließlich der nicht gewerblichen Nutzung. Eine gewerbliche Nutzung ist nur mit Zustimmung des Lizenzinhabers möglich.

© 2014 Franzis Verlag GmbH, 85540 Haar bei München

Alle Rechte vorbehalten, auch die der fotomechanischen Wiedergabe und der Speicherung in elektronischen Medien. Das Erstellen und Verbreiten von Kopien auf Papier, auf Datenträgern oder im Internet, insbesondere als PDF, ist nur mit ausdrücklicher Genehmigung des Verlags gestattet und wird widrigenfalls strafrechtlich verfolgt.

Die meisten Produktbezeichnungen von Hard- und Software sowie Firmennamen und Firmenlogos, die in diesem Werk genannt werden, sind in der Regel gleichzeitig auch eingetragene Warenzeichen und sollten als solche betrachtet werden. Der Verlag folgt bei den Produktbezeichnungen im Wesentlichen den Schreibweisen der Hersteller.

Satz: DTP-Satz A. Kugge, München
art & design: www.ideehoch2.de
Druck: CPI-Books
Printed in Germany

ISBN 978-3-645-65159-2

Inhaltsverzeichnis

	Einführung	7
1	Empfangsenergie bei kapazitiven Antennen	9
2	»Energie saugende« Funkantennen	17
2.1	Wie funktioniert das bei Atomen?	19
2.1.1	Senden, um zu empfangen?	20
2.2	Wie machen es die Atome?	22
2.3	Ein »Loch« in der Physik	23
2.4	Resonanzantenne	25
2.4.1	Große empfangene Leistung	26
2.4.2	Fazit	27
2.5	Die Verbindung zu Tesla	27
2.5.1	Der Nutzen	28
2.5.2	Nicht in Ihrem Physikbuch?	29
2.5.3	Ergänzung	30
2.5.4	Achtung: Die Auswirkungen exzentrischer Gedanken	31
2.6	Ohren als Antischall-Sender	31
2.6.1	Kugelblitz	33
2.6.2	RF-Transformatoren: Enge Kopplung zwischen zwei entfernten Spulen	34
2.6.3	Mechanisches »Energie-Saugen«	35
2.7	Elektromagnetische Witzbolde	35
2.7.1	Schlafmangel als Droge	36
3	Energie absorbierende Funkantennen	37
3.1	Mechanische Antennen	37
3.2	Ein Permanentmagnet als eine supraleitende Antenne	39
3.3	Einige Fragen	39
3.4	Impulsverzehrende Spulen	43
3.5	Das Absorbieren realer Energie	44

4	Über die Möglichkeit, dass bei elektromagnetischer Strahlung keinerlei Quanten existieren	47
5	Teslas großer Irrtum?	57
6	Moderne Tesla-Schaltungstechnik	69
6.1	Zero-Voltage-Switch (ZVS)	70
6.2	Der modulierte ZVS	70
6.3	RF-Push-Pull-Oszillator	75
6.4	Class-A-MOSFET-Oszillator	77
6.5	4-MHz-Teslagenerator	78

Dedication:

Many thanks to Bill Beaty for his ingenious ideas!

Einführung

Ende der 1890er-Jahre, nach einer Zeit intensiver Konzentration, war Tesla glücklich, zwei weitreichende Entdeckungen gemacht zu haben. Die erste war eine dynamische Theorie der Schwerkraft, die er in allen Einzelheiten ausgearbeitet hatte, und von der er hoffte, sie der Welt bald zugänglich machen zu können. Sie erklärt die Ursachen der Kraft und die Bewegung von Himmelskörpern unter ihrem Einfluss so hinlänglich, dass sie törichten Spekulationen und falschen Ansichten, wie zum Beispiel denen von gekrümmtem Raum, ein Ende setzen wird. Nur das Vorhandensein eines Kraftfelds käme für die Bewegungen der Himmelskörper, wie wir sie beobachten, verantwortlich sein, und diese Theorie macht die Auffassung über die Krümmung des Raums überflüssig.

Seine zweite Entdeckung enthält eine physikalische Erkenntnis von größter Bedeutung: Es gibt in der Materie keine andere Energie als die aus der Umgebung empfangene. Aufgrund seiner Theorie kam Tesla zu der Erkenntnis, dass der Mensch in das Gefüge des Weltalls eingreifen und dieses nach Belieben verändern könne. Seine Vision des Übermenschen, der mit gottgleicher Schöpfungsmacht die Welt gestalten würde, schilderte er in eindrucksvoller Weise in dem unveröffentlichten Artikel »Man's Greatest Achievement«, aus dem hier ein längerer Abschnitt wiedergegeben werden soll:

In jenem hochentwickelten Wesen, dem Menschen, bekundet sich der geheimnisvolle, unergründliche, unwiderstehliche Wunsch zu wirken, und die Wunder, die er wahrnimmt, selbst nachzuschaffen. Begeistert von dieser Aufgabe, forscht, entdeckt und erfindet er, plant und baut er und bedeckt den Stern, auf dem er geboren wurde, mit Denkmälern der Schönheit, der Größe und Verehrung. Er steigt in die Gewölbe der Erde hinab, um ihre verborgenen Schätze zu heben und ihre unendlichen, gefesselten Energiemengen für seine Zwecke freizumachen. Er dringt in die dunklen Tiefen des Meeres und in die lichten Gefilde des Himmels. Er stößt zu den verborgensten Schlupfwinkeln der molekularen Struktur vor, und vor seinen Blicken tun sich unendlich weite Welten auf. Er unterwirft sich dem ungezähmten, zerstörenden Funken des Prometheus und macht ihn sich dienstbar, ebenso die titanischen Kräfte von Wasser, Wind und Flut. Er zähmt die Blitze und den Donner Jupiters und löscht Zeit und Raum aus. Selbst aus der mächtigen Sonne macht er seinen gehorsamen Sklaven. So groß ist seine Kraft und seine Macht, dass die Himmel widerhallen und die ganze Erde bei dem Klang seiner Stimme erzittert.

Was hat die Zukunft für dieses seltsame Wesen, den Menschen, aus einem Atemzug geboren, aus vergänglichem Stoff, jedoch unsterblich durch seine zugleich furchtbare und göttliche Macht, noch aufbewahrt? Welches Wunderwerk wird er schließlich noch schmieden? Welches wird seine größte Tat, seine Krönung sein?

Schon lange vorher hat der Mensch erkannt, dass alle wahrnehmbare Materie von einer Grundsubstanz kommt, einem hauchdünnen Etwas, die jenseits jeder Vorstellung den ganzen Raum erfüllt, dem Akasa oder lichttragenden Äther, auf den die lebensspendende Prana oder schöpferische Kraft einwirkt, die in nie endenden Schwingungen alle Dinge und Erscheinungen ins Dasein ruft. Die Grundsubstanz, mit unerhörter Geschwindigkeit in nicht endenden Wirbeln herumgeschleudert, wird zur festen Materie; wenn die Kraft abnimmt, hört die Bewegung auf und die Materie verschwindet wieder und verwandelt sich in die Grundsubstanz zurück.

Kann der Mensch diesen großartigen, furchterregenden Prozess in der Natur lenken? Kann er ihre unerschöpflichen Energien bändigen und sie nach seinem Geheiß alle Funktionen ausüben, ja noch mehr, sie einfach durch die Kraft seines Willens arbeiten lassen?

Wenn er dies könnte, hätte er fast unbegrenzte und übernatürliche Kräfte. Mit geringer Anstrengung von seiner Seite würden auf seinen Befehl alle Welten verschwinden und neue, von ihm ersonnene, ins Leben gerufen werden. Er könnte die Luftgebilde seiner Fantasie, die verschwommenen Visionen seiner Träume festigen, sie verdichten und bewahren. Er könnte alle Schöpfungen seines Geistes in jedem beliebigen Maßstab in festen und unvergänglichen Formen festhalten. Er könnte die Größe eines Planeten verändern, auf seine Jahreszeiten Einfluss nehmen und ihn auf jeden von ihm gewählten Weg durch die Weiten des Weltalls führen. Er könnte Planeten zusammenstoßen lassen und seine eigenen Sonnen und Sterne, seine Wärme und sein Licht erzeugen. Er könnte Leben in all seinen unendlich vielen Formen erwecken und entwickeln.

Die Schaffung und Vernichtung stofflicher Substanz und ihre Umwandlung in von ihm gewünschte Formen wäre der erhabenste Ausdruck der Macht des menschlichen Geistes, sein vollständigster Triumph über die sinnlich wahrnehmbare Welt, das krönende Werk, das ihn an die Seite seines Schöpfers stellen und ihn seine letzte Bestimmung erfüllen lassen würde.

Im krassen Widerspruch zu Teslas Idee des Übermenschen stehen seine Äußerungen zu verschiedenen physischen und psychischen Phänomenen, die teilweise eindeutig materialistischen Charakter aufweisen. So war er zum Beispiel der Ansicht, dass der Mensch nur aus solchen Dingen bestehe, *die im Reagenzglas analysiert und mit der Waage gewogen werden können. Wir haben nur solche Eigenschaften, die wir von den Atomen empfangen, aus denen unser Körper zusammengesetzt ist. Unsere Wahrnehmungen, die wir Leben nennen, sind ein verworrenes Gemisch von Reaktionen der Atome, aus denen wir bestehen, auf die von außen auf sie einwirkenden Kräfte unserer Umgebung.*

Er sah jeden Menschen als einen Automaten an, da alle Körper ähnlich gebaut und den gleichen äußeren Einflüssen ausgesetzt sind und infolgedessen auch ähnlich reagieren und in den allgemeinen Handlungsweisen übereinstimmen. *Die Bewegungen und andere Handlungen, die wir vollziehen, sind immer von der Selbsterhaltung bestimmt, und, obgleich wir ganz unabhängig voneinander zu sein scheinen, sind wir doch durch unsichtbare Bande miteinander verknüpft.*

1 Empfangsenergie bei kapazitiven Antennen

Hier geht es um die Menge an Energie, die eine winzige, kapazitiv gekoppelte Antenne in der Nähe von Metallplatten empfangen kann.

Es stellt sich die Frage, ob eine gekoppelte Antenne als Teil eines LC-Resonanzkreises mehr Energie aus einem Wechselfeld herausholen kann als eine rein kapazitive Antenne?

Zur Lösung dieser Aufgabe denken wir uns folgende zwei Versuchsanordnungen:

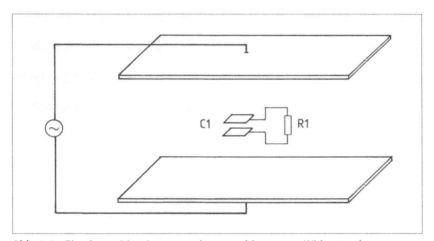

Abb. 1.1: Eine kapazitive Antenne mit angeschlossenem Widerstand

Zwischen einem Paar großer, paralleler Metallplatten wird ein starkes elektrisches Wechselfeld (E-Feld) erzeugt. Ein Paar sehr kleiner Metallplatten fängt ein wenig dieser Energie aus diesen Bereich auf. Die empfangene Energie heizt einen Lastwiderstand auf. Nehmen wir an, die ganze Anordnung befindet sich innerhalb des Nahfeldes, d. h. alle Abmessungen der Versuchsanordnung sind viel kleiner als c/500kHz = 600m. Stellen Sie sich vor, die Platten wären einige Meter breit.

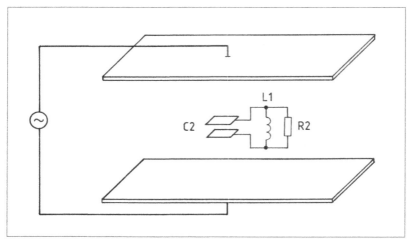

Abb. 1.2: Eine kapazitive Antenne mit angeschlossener Induktivität als Resonanzkreis

Der kapazitiven Antenne wurde eine Induktivität zugefügt, sodass die Eigenkapazität der Antenne mit der Induktivität einen Schwingkreis bildet, dessen Frequenz der Frequenz des elektrischen Wechselfeldes entspricht. In beiden Anordnungen wurde der Widerstand so gewählt, dass er eine maximale Energie aufnimmt (Leistungsanpassung). Eventuelle parasitäre Kapazitäten des Widerstandes und der Induktivität werden nicht berücksichtigt. Für unsere Betrachtung nehmen wir an, dass sie verschwindend gering sind.

Die Analyse ist nicht sehr schwierig:

Als Erstes fügen wir unseren Anordnungen reelle Werte zu.

C1 = C2 = Kapazität der jeweiligen Antenne sei 100pF

Ca = Kapazität zwischen Erregerplatten und Antenne jeweils 2pF

f = Erregerfrequenz 500 kHz

U = Erregerspannung 100 Volt AC

Betrachten wir nun zunächst den linken Teil von Abb. 1.3.

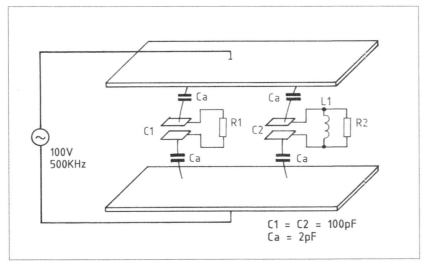

Abb. 1.3: Vergleich der beiden Anordnungen mit reellen Werten

Die Kapazitäten Ca-C1-Ca bilden einen kapazitiven Spannungsteiler. C1 = 100pF ist der »Generator-Innenwiderstand« für R1. Ca = 2pF ist zweimal vorhanden und in Reihe geschaltet, also können wir diese beiden Kapazitäten in einer zusammenfassen. Unser Spannungsteiler besteht demnach vereinfacht nur noch aus zwei Kapazitäten: Ca ges = 1pF und C1= 100pF. Das Teilungsverhältnis ist also 100:1. Nach der Theorie von Thevinin ist die übertragene Leistung von C1 nach R1 dann am größten, wenn der kapazitive Widerstand von C1 gleich dem Wirkwiderstand R1 ist, also R1 = 1 / (2 * π * f * 100pF) = 3,2kOhm.

Der Stromflusswinkel ist dann genau 45 Grad, die Spannung am Widerstand das 0,707-Fache der Leerlaufspannung von C1. Bei dem Teilerverhältnis 100:1 und 100Volt Erregerspannung liegt am Widerstand ca. 1,0 V * 0,707 = 0,707 Volt an. Dies ergibt bei 3,2kOhm eine Leistung von **0,16 mWatt**. Die Spannung über C1 ist mit 0,707V AC also sehr viel kleiner als die Spannung an den Erregerplatten mit 100V AC.

Betrachten wir jetzt den rechten Teil von Abb. 1.3.

Wir haben angenommen, dass C2 und L1 einen Schwingkreis bilden, der genau auf 500kHz abgestimmt ist. Damit wird der kapazitive Widerstand von C2 durch den induktiven Widerstand von L1 vollkommen kompensiert und die Anordnung verhält sich so, als wäre C2 und L1 nicht vorhanden (gilt nur bei Resonanz !). Der Generator-Innenwiderstand für R2 besteht jetzt nur noch aus 2x2pF in Reihe > 1/2 * Ca = 1pF.

Für maximale Leistungsübertragung berechnet sich der passende Widerstand R2 wie oben:

R2 = 1 / (2 * π * f * 1pF) = 320kOhm. Die Spannung am Widerstand beträgt auch jetzt wieder das 0,707-Fache der Leerlaufspannung, diesmal jedoch von 100V, da im Leerlauffall R2 >> unendlich ist und die volle Erregerspannung am Resonanzkreis C2//L1 anliegt. Mit einem 320kOhm-Widerstand liegen im Resonanzfall 70,7 Volt AC an. Das entspricht einer Leistung von **16mW**.

Wir stellen also fest, dass die empfangenen Leistungen der jeweiligen Anordnungen sehr unterschiedlich sind. In unserem Fall beträgt das Verhältnis 1:100. Bei weiterer mathematischer Behandlung ergibt sich, dass das Verhältnis der empfangenen Leistungen der Anordnungen nur vom Verhältnis der Kapazitäten abhängig ist. Je weiter die Erregerplatten auseinander sind, desto größer wird das Verhältnis von C1/C2 zu Ca und damit das Verhältnis der empfangenen Leistungen der beiden Anordnungen.

Beachten Sie, dass die Spannung an C2 um den Faktor 100 höher ist als an C1. Dies bedeutet Folgendes: Wenn Sie mit einem elektrischen Feldstärkemesser in der Nähe von C1 messen würden, ergäbe sich nur ein sehr kleiner Wert der elektrischen Feldstärke, so als wäre C1 gar nicht vorhanden. In der Nähe von C2 jedoch würde man einen sehr viel höheren Wert messen, denn die Spannung an C2 ist um den Faktor 100 höher und damit auch das elektrische Feld. Fast ist es so, als wären die Kondensatorplatten von C2 mit den Erregerplatten verbunden. Dies ist eine Folge der Parallelresonanz, der Widerstand des Resonanzkreises wird unendlich hoch. Verändert man allerdings die Frequenz, so verschwindet die hohe Spannung an C2, und es ergeben sich ganz andere Verhältnisse.

Pd ohne abgestimmte Schaltung : 0,16mW

Pd mit abgestimmter Schaltung : 16,0 mW

Anstieg der Empfangsenergie: 100x

Anstieg des E-Feldes an den Kondensatorplatten: 100x

Neue Info
Ingenieure einer Webseite haben herausgefunden, dass die Analyse von Abb. 1.2 nicht ganz richtig ist. Der Strom durch Widerstand R2 ist nicht für eine Leistung auf 16 mW begrenzt, weil die Spannung in dieser Schaltung nicht auf 71 Volt begrenzt ist. Stattdessen ist der Q-Faktor des Resonanzkreises entscheidend und der ist proportional zu R2. Wenn der Widerstand R2 sehr groß gewählt wird, steigt auch der Q-Faktor entsprechend an, und damit steigt auch die Spannung über R2 proportional an. Die Leistung im Widerstand ist proportional zum Quadrat der Spannung. Deshalb steigt die empfangende Leistung mit Erhöhung des Widerstandes R2 überproportional (quadratisch).

Wenn verlustfreie Komponenten verwendet werden (insbesondere Spule L1), so kann die Spannung weit über 71 Volt ansteigen, und die empfangende Leistung am Widerstand R2 kann wesentlich mehr als 16mW betragen.

> Als Ergebnis lässt sich sagen, dass meine Berechnung von 100:1 Leistungsdifferenz zwischen Abb. 1.1 und 1.2 vollkommen korrekt ist. Wenn man jedoch die vorstehenden Veränderungen vornimmt, kann das Verhältnis von 100:1 dramatisch vergrößert werden. Gleichzeitig, mit dem Anstieg der Spannung, erhöht sich auch das E-Feld bei C2 entsprechend.

Wir können also folgendes festhalten:

- Das Hinzufügen einer Induktivität zu einer kapazitiven Antenne kann die Energieaufnahme aus einem elektrischen Feld bei einer bestimmten Frequenz wesentlich erhöhen.
- Die E-Feldstärke in der Nähe einer kapazitiven Antenne kann durch einen abgestimmten Schwingkreis wesentlich höher sein als ohne.
- Dieser Effekt ist real, kann in einer Versuchsanordnung leicht nachgeprüft werden und wird nicht von anderen Naturgesetzen wie Welle/Teilchen-Dualismus oder »Superposition von Wellen« in Frage gestellt.

Unsere Betrachtungen galten den kapazitiven Antennen. Zu völlig gleichen Ergebnissen gelangt man bei induktiven Antennen. Auch hier wird die Energieausbeute einer kleinen Spule wesentlich größer, wenn diese mit einem Kondensator in Resonanz zum Erregerfeld gebracht wird. Gleichzeitig vervielfacht sich auch die elektrische Induktion (H-Feld) in der Umgebung der Antenne.

Mit diesen Erkenntnissen lässt sich erklären, warum Kristall-Detektorempfänger mit passenden Resonanzkreisen besser funktionieren. Der Schwingkreis ist nicht nur ein Filter, er erhöht auch die Spannung einer kapazitiven Antenne ganz wesentlich. Erst wenn die Empfangsspannung höher ist als die Durchlassspannung des Kristalldetektors (»Schwellspannung der Diode«), ist ein Empfang möglich. Etwas Ähnliches könnte man erreichen mit einem Aufwärtstransformator, jedoch würde dann die Filterwirkung des Schwingkreises fehlen und man würde viele Radiostationen zugleich hören.

Durch das Anbringen eines LC-Kreises zwischen Antenne und Erde können wir bei richtiger Einstellung die Antennenkapazität für eine bestimmte Frequenz eliminieren. Die Antennenspannung und der Antennenstrom steigen an, es wird mehr Netto-Energie aus dem Feld gewonnen, so als würde die Antenne vergrößert. Diese erhöhte Energie in der Antenne kann nur aus dem äußeren Erreger-Feld stammen. Dieses Erreger-Feld muss sich also in der Umgebung der Antenne umso mehr abschwächen, je mehr Energie von der Antenne geliefert wird. Es ist so, als würde die Energie des Erreger-Feldes auf einen Punkt zuströmen und dort verschwinden, wie Wasser in einem Loch. Man könnte die Wechselwirkung zwischen Erreger-Feld und Antenne auch so erklären: Die Antennenspannung erzeugt ein Feld, das sich mit dem Erreger-Feld überlagert. Nach dem Energieerhaltungsgesetz muss das Feld der Antenne so ausgebildet sein, dass es das Erreger-Feld schwächt und zwar umso mehr, je mehr Energie der Antenne entnommen wird. Das Erreger-Feld hinter einer Empfangsantenne wird deshalb naturgemäß um den Betrag der entnommenen Energie schwächer sein.

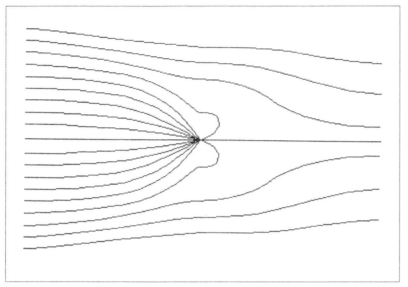

Abb. 1.4: Ernergieflusslinien im Nahfeld eines Resonanzabsorbers, vertikale Stabantenne von oben gesehen

In Abb. 1.4 sehen wir die Energiefluss-Richtung (Poynting-Vektor) um eine sehr kleine Resonanz-Antenne. Die ebene Welle des Erreger-Feldes kommt von links, die Antenne befindet sich in der Mitte des Bildes. Die Energie wird durch das Feld der Antenne nach innen gelenkt.

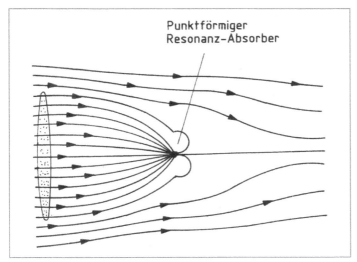

Abb. 1.5: Energieflusslinien im Nahfeld einer Absorberplatte

In Abb. 1.5 sehen Sie den Energiefluss um eine Absorberplatte mit der gleichen effektiven Wirkfläche der Antenne in Abb. 1.4. Die Feldlinien werden so umgebogen, als würden sie am gekennzeichneten Punkt von einer Antenne aufgefangen. Tatsächlich werden sie von der Platte absorbiert und verzögert. Die äußeren Feldlinien haben einen längeren Weg zum Punkt und werden deshalb in der Phase nacheilen. Die Folge ist eine teilweise oder totale Auslöschung im virtuellen Antennenpunkt.

In der Theorie könnte eine kleine Antenne mit einem hohen Gütefaktor mehr Energie aus einem Feld »absaugen« als eine lange, nicht abgestimmte Antenne. Es ist nur eine Frage des Q-Faktors.

2 »Energie saugende« Funkantennen

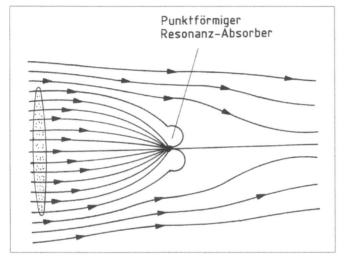

Abb. 2.1

Im Folgenden geht es um ein Phänomen, das mich immer schon gewundert hat: Lichtwellen haben eine Wellenlänge von etwa 5000 Angström, während Atome nur etwas über 1 Angström Durchmesser haben. Wie können solch kleine »Antennen« solch lange Wellen empfangen und senden? Normalerweise braucht man dazu Halbwellen-Antennen. Im Physik-Unterricht habe ich dafür nie eine ausreichende Erklärung bekommen. Es stellt sich heraus, dass die Erklärung bisher weitgehend unbekannt und sehr faszinierend ist.

Die klassische Theorie des Elektromagnetismus geht davon aus, dass Atome nicht viel Licht absorbieren und emittieren können. Sie sind mehrere 1000-fach kleiner als Lichtwellen, jedoch reagieren sie sehr stark mit Licht. Wie machen sie das? Vielleicht kann die Quantenmechanik dieses Problem lösen. Es muss eine Erklärung geben. Wie vielen sicher aus der Praxis bekannt ist, kann eine Dipolantenne mit 1m Länge nicht viel Energie von einer Strahlung mit 5000m Wellenlänge aufnehmen. Verwenden Atome lieber »Photonen-Empfang« statt elektromagnetischer Wellenmechanik von Dipolantennen? Die Antwort ist »nein«. Die Wahrheit ist seltsam.

Kapitel 2: »Energie saugende« Funkantennen

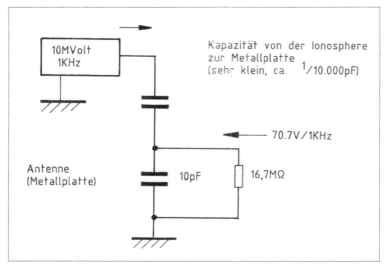

Abb. 2.2

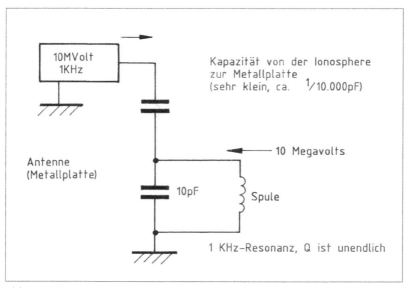

Abb. 2.3

Perpetuum mobile?! Seltsamerweise haben einige Menschen die irrige Annahme, dass dieser Artikel ein Perpetuum mobile beschreibt. Wie kommen sie zu diesem Schluss? Wer weiß. Vielleicht muss ich darauf hinweisen dass in Abb. 2.2 und Abb. 2.3 die 10MV-Versorgung ein entfernter Funksender ist (eine elektromagnetische Energiequelle, aus dem öffentlichen Stromnetz).

Dieser Artikel behandelt die Eigenschaft eines LC-Resonanzkreises, elektromagnetische Wellen in kleine Antennen zu »trichtern« (bündeln). Solche Antennen verhalten sich so, als ob sie sehr viel größer als ihr physikalischer Durchmesser wären, als wäre da eine »unsichtbare Linse«, welche die ankommenden Wellen auf die Antenne konzentriert. In konventionellen Begriffen geht es hier um die Verbesserung der Wirkfläche von kleinen Antennen (effektive Wirkfläche = Apertur) (siehe Abb. 2.1).

2.1 Wie funktioniert das bei Atomen?

Die Antwort bekam ich aus einem Artikel über VFL/ELF-Loopantennen. Offenbar liefert die Quantenmechanik nicht die Antwort. Das Mysterium des Verhaltens kleiner Antennen kann man durch Anwendung eines weniger bekannten Gebiets des klassischen Elektromagnetismus lösen. Es handelt sich um das Phänomen der Resonanz, aber noch wichtiger sind die elektrischen und magnetischen Felder, die eine Antenne umgeben.

Eine »elektrische kleine« Antenne ist dadurch gekennzeichnet, dass die physikalische Größe wesentlich kleiner ist als die elektromagnetische Wellenlänge. Auf den ersten Blick sind elektrische kleine Antennen gar nicht so exotisch. Werden damit Radiowellen gesendet, arbeiten sie genau so, wie man es erwarten würde. Um viel elektromagnetische Energie über eine kleine Antenne zu senden, muss man einfach ein sehr starkes Signal aufschalten (hohe Spannung auf einen Dipol oder hoher Strom auf eine Loop-Antenne). Wenn die elektromagnetischen Felder im Abstand einer Wellenlänge von der kleinen Antenne hoch sind, kann man damit erhebliche elektromagnetische Energie abstrahlen. Es ist fast so, als würden die elektromagnetischen Felder selbst als Antenne wirken. Schwache Felder wirken wie eine kleine Antenne, starke Felder wirken wie eine große Antenne. Dies erklärt, warum kleine Antennen auch große Energien übertragen können.

Aber wie sind die Verhältnisse beim Empfang?

Es stellt sich heraus, dass dieselben Vorstellungen auch für den Fall des Empfangs gelten. Durch die Manipulation des elektrischen Feldes um eine kleine Antenne können wir diese zwingen, sich so zu verhalten, als wäre sie sehr, sehr viel größer. Der Trick ist, ein starkes elektromagnetisches Feld um die kleine Antenne zu erzeugen, damit sie wirkt wie eine große Antenne. Wir müssen also bei kleinen Antennen die gleichen Verhältnisse schaffen wie beim Senden, dann wirken auch kleine Antennen entsprechend groß und können auch sehr viel mehr Energie empfangen.

Genau das tun bereits konventionelle »lange« Halbwellen-Antennen. In ihnen schwingen die Elektronen hin und her und erzeugen um die Antenne ein elektromagnetisches Feld. Dieses elektromagnetische Feld empfängt die Strahlung und nicht die dünnen Drähte der Antenne! Die Drähte der Antenne sind nur dazu da, ein großvolumiges elektromagnetisches Feld zu erzeugen, mit einer konstanten Phasendifferenz zur ankommenden Welle. Durch diese Phasendifferenz interagiert die ankommende Welle mit dem Feld der Antenne. Beide Felder überlagern sich und erzeugen ein Interferenzmuster, welches das Feld hinter der Antenne schwächt. Ein Teil der eingestrahlten Energie ist hinter der Antenne verschwunden. Das Feld der Antenne hat einen Teil der ankommenden Wellen ausgelöscht.

2.1.1 Senden, um zu empfangen?

Kleine Antennen können von sich aus kein solches elektromagnetisches Feld erzeugen wie die schwingenden Elektronen in Halbwellen-Dipolen. Aber was, wenn wir einen starken Sender dazu benutzen, solch ein Feld zu erzeugen? Wenn wir eine Antenne nehmen, die 1/10.000 der Wellenlänge hat, sollten wir in der Lage sein, mit einem Generator ein Feld zu erzeugen, dass die Antenne so groß wirken lässt, als wäre sie 1/3 Wellenlänge lang. Es muss ein entsprechend starker Sender angeschlossen werden. Frequenz, Phase und Amplitude müssen passend eingestellt werden und bei den richtigen Werten wird die Antenne das ankommende Feld maximal schwächen und somit am besten empfangen.

Nehmen wir eine kleine Loop-Antenne als Beispiel. Wenn wir damit wesentlich mehr Radioenergie empfangen möchten als üblich, müssen wir einen großen Wechselstrom in die Antennen-Spule schicken, phasensynchron zur ankommenden Welle mit 90 Grad Phasenverschiebung nacheilend. Die Spannung an den Antennenanschlüssen bleibt in etwa die gleiche wie bei einer nicht aktivierten Antenne. Da jedoch der Strom in dem Antennenelement viel höher ist, wird die empfangene Energie auch viel höher sein.

Dies erscheint wie eine Ingenieurs-Blasphemie, nicht wahr? Wie kann das Hinzufügen eines starken Stroms die Empfangsleistung erhöhen? Wird nicht unsere Empfangsantenne als Sendeantenne wirken? Aber es funktioniert tatsächlich. Leistung ist gleich Volt mal Ampere. Um mehr HF-Leistung einer weit entfernten Quelle empfangen zu können, erhöhen wir künstlich den Antennenstrom.

Das hört sich sehr widersprüchlich an. Wie können wir den Empfang einer kleinen Antenne vergrößern, indem wir sie als Sendeantenne betreiben? Das Geheimnis liegt in der Auslöschung der Felder im Nahfeld der Antenne. Die Physik des Nahfeldes von Antennen hat eine Art Nichtlinearität weil elektrische Leiter vorhanden sind. Im Nahfeld einer Antenne ist es möglich, die E-Feldstärke unabhängig von der M-Feldstärke zu ändern und umgekehrt. Die einfache Überlagerung elektrisch wandernder Felder mit dem Nahfeld einer Antenne ist hier nicht so einfach anwendbar, weil die gültigen Gleichungen für die Energieausbreitung in der Nähe von Leitern vom Quadrat der Spannung oder dem Quadrat des Stroms abhängen. Darüber hinaus ist die Antennenspannung im Nahfeld nahezu unabhängig vom Antennenstrom.

Halten wir fest: Die Empfangs-Energie einer kleinen Loop-Antenne kann durch Hinzufügen eines künstlichen Stroms erhöht werden. Die Empfangs-Energie einer kleinen Dipol-Antenne kann durch Hinzufügen einer künstlichen Wechselspannung erhöht werden.

Beachten Sie, die vorstehenden Überlegungen verstoßen nicht gegen die klassischen Regeln der Physik. Wenn wir ein starkes künstliches Feld erzeugen, das einer ankommenden Welle passend überlagert wird, wird das ankommende Feld geschwächt, sozusagen auf die kleine Antenne »hingebogen« und verschwindet scheinbar darin. Da Energie nicht verloren gehen kann, ist die Energie des abgeschwächten Teils der ankommenden Welle in der Antenne. Durch das starke künstliche Feld erhöht sich der Wirkbereich der kleinen Antenne ganz erheblich. Damit können wir die Kopplung zwischen der Antenne und des umgebenden Raumes verändern, wobei die gesamte Energie dem Energieerhaltungsgesetz folgt. Das künstliche Feld beeinflusst die »virtuelle Größe«, das heißt die Wirkfläche der Antenne.

Wichtig ist festzustellen, dass dieses Phänomen auf »elektrisch kleine« Antennen beschränkt ist. Wir können die »virtuelle Größe« nicht weit über 1/4 Wellenlänge der beteiligten Wellen vergrößern. Wenn wir bereits einen Halbwellen-Dipol haben, so ist es egal, wie groß unser künstliches Feld ist. Die empfangene Energie wird sich nicht vergrößern. Wenn wir jedoch eine kleine Antenne, sagen wir, eine 10-kHz-Loop-Antenne in der Größe einer Tortenplatte haben, können wir mit einem künstlichen Feld die Antenne sehr, sehr groß erscheinen lassen. Überlegen Sie: Wie groß ist das Nahfeld einer 10-kHz-Loop-Antenne? 10 km? Was wäre, wenn wir die Hälfte der Energie die in diesem Volumen steckt extrahieren könnten?! In der Theorie könnten wir das: Die Hälfte der Energie könnte aufgenommen werden, die andere Hälfte würde wieder abgestrahlt. Das heißt, in der Theorie könnte eine winzige Loop-Antenne auf einem Labortisch genauso viel Energie empfangen wie eine Langdraht-1/2-Wellenantenne mit 10 km Länge. Bizarr, nicht wahr?

Wir können die Sache auch folgendermaßen betrachten: Wenn man um eine Antenne ein Feld erzeugen kann, das ein ankommendes Feld in einem bestimmten Bereich einfach ohne weitere Wirkung auslöscht, würde das den Energieerhaltungssatz verletzen, denn Energie kann nicht einfach verschwinden. Die Energie des wandernden Feldes wird geschwächt, also absorbiert, also ist dies ein Absorptions-Prozess. Durch die Abgabe eines eigenen elektromagnetischen Feldes kann die kleine Antenne mehr Empfangsenergie »aufsaugen«. Wenn wir eine Antenne aktiv mit einer »Anti-Welle« antreiben, zwingen wir sie dazu, das ankommende Feld in ihrem Nahbereich stärker auszulöschen, dadurch empfängt sie mehr Energie, als sie ohne das aktive Feld empfangen würde. Die Antenne sendet natürlich auch eigene Wellen aus. Aber in der Antennentheorie sind diese Wellen identisch zu den empfangenen Signalen und sie werden als von der Antenne reflektierte Wellen betrachtet. Es ist ein allgemeines Gesetz, dass man maximal immer nur die Hälfte des Energieinhalts eines Feldes empfangen kann und die andere Hälfte wieder abgestrahlt wird.

Nun wird es interessant: Wenn wir große elektrische Leistungen empfangen wollen und nicht nur schwache Signale, entsteht ein Problem. Wenn wir eine kleine Antenne mit einem hohen Signal antreiben, entstehen hohe Ströme, welche die Antenne stark erhitzen können. Kleine Antennen sind ineffizient verglichen mit Halbwellen-Dipolen. Wenn wir die Wirkfläche einer sehr kleinen Antenne stark vergrößern wollen, werden wir schnell Probleme mit überhitzten Leitungen bekommen. Alle zusätzlich empfangene Energie wird dann innerhalb der Antenne in Wärme umgesetzt. Eine mögliche Lösung wäre die Verwendung von supraleitendem Material oder bei niedrigen Frequenzen ein rotierender Permanentmagnet oder rotierende Kondensatorplatten.

2.2 Wie machen es die Atome?

Gut, wenn das alles angeblich erklärt, wie kleine Atome lange Lichtquellen empfangen können, wie können wir dann die Signalspannung eines einzelnen Atoms erhöhen? Es ist eigentlich nicht schwierig. Wir benötigen keinen Radiosender in der Größe eines Angströms. Die Erklärung liegt in der elektromagnetischen Energie oszillierender Felder, das heißt der Resonanz.

Wenn ein Atom elektromagnetisch auf der gleichen Frequenz schwingt wie die einfallenden Lichtstrahlen, sich beide also in Resonanz befinden, so nimmt das Atom aus jeder einzelnen Lichtwelle Energie auf und schwingt immer stärker (Resonanz-Aufschaukelung). Das Atom wird sich wie ein Oszillator verhalten, umgeben mit einem immer stärker werdenden elektromagnetischen Wechselfeld. Quantenmechanisch könnte man sagen, das Atom sei durch virtuelle Photonen bei der Resonanzfrequenz umgeben. Wenn das Wechselfeld des Atoms in korrekter Phase zur ankommenden Lichtwelle steht, können beide Felder interagieren, und das Atom kann in seiner Umgebung einen Teil des elektromagnetischen Feldes der Lichtwelle auslöschen. Die Energie verschwindet nicht, sondern geht ins Innere des Atoms. Die Hälfte der Energie befördert ein Elektron in eine höhere Umlaufbahn, die andere Hälfte wird als gestreute Energie wieder ausgestrahlt.

Durch die Resonanz des Atoms wird eine »Anti-Welle« erzeugt, die sich mit der ankommenden Lichtwelle überlagert, diese teilweise auslöscht und somit Energie aus der Lichtwelle »aufsaugt«, obwohl die Wellenlänge sehr viel größer als der Atomdurchmesser ist. Weil das Atom keine konventionellen Kupferleitungen besitzt, die Energie verschwenden könnten, kann es wie ein Supraleiter sehr starke Felder erzeugen, die sehr weit über den Atomdurchmesser hinaus wirken können.

Unmöglich? Dann lesen Sie bitte einmal »Absorption and Scattering of Light by Small Particles« von Craig F. Bohren. Er analysiert das Verhalten von kleinen Metall- und dielektrischen Partikeln, die langwelligen Strahlungen ausgesetzt sind, und zeigt, dass das Vorhandensein eines Resonators dazu führen kann, dass sich Staubkörnchen so verhalten, als wären sie größer als sie wirklich sind.

Wie kann das alles wahr sein? Schließlich können elektrische und magnetische Felder andere Felder nicht »umbiegen«. EM-Felder können sich nicht gegenseitig direkt beeinflussen. Sie durchdringen sich vielmehr ungehindert. Aus diesem Grund kann eine Lichtwelle eine andere nicht ablenken. Wie vorhin schon erwähnt wurde, ist die Mathematik der Felder um eine Spule und einen Kondensator nicht gleich mit der

Mathematik frei sich ausbreitender Wellen. Wenn wir das Feld eines Stabmagneten und das Feld einer Radiowelle überlagern und die magnetische Feldkomponenten der Radiowelle und des Stabmagneten gegenphasig sind, dann wird die Radiowelle so verzerrt, dass sie scheinbar zum Stabmagneten hingebogen wird. Wenn die Radiowelle fortschreitet, kehrt sich die magnetische Feldkomponente um, und der Stabmagnet müsste ebenfalls umgedreht werden, um die gleiche Feldverteilung hervorzurufen wie in der ersten Halbwelle. Die Energie der Radiowelle würde also in Richtung Stabmagnet wie in einem Trichter verschwinden, falls man den Stabmagnet schnell genug und im richtigen Takt hin- und herdrehen könnte.

Ersetzen wir nun den Stabmagneten durch eine Spule mit einem Wechselstrom, der das Drehen des Stabmagneten simuliert. Der Wechselstrom muss natürlich die exakte Frequenz und passende Phase zu ankommenden Radiowellen haben, dann wird die Energie immer von der Radiowelle in Richtung Spule laufen. Die Gesetze der Überlagerung gelten immer noch, aber hier haben wir es mit einer kohärenten Überlagerung zu tun. Diese Überlagerung ist zeitlich so ausgestaltet, dass sie zu jedem Zeitpunkt den gleichen Effekt hat, nämlich die ankommende Radiowelle zu schwächen.

Beachten Sie, dass diese Spule auch ein eigenes elektromagnetisches Feld abstrahlt. Diese Ausstrahlung ist uns schon bekannt: Atome werden im Idealfall die Hälfte des empfangenen Lichts aufnehmen und die andere Hälfte gleich wieder abstrahlen. Dipol-Antennen verhalten sich genauso. Sie strahlen die Hälfte der empfangenen Energie sofort wieder ab. In einem phasengekoppelten System können wir keinen Unterschied zwischen Reflexion und Transmission feststellen.

2.3 Ein »Loch« in der Physik

Ein Atom in starkem Resonanzzustand kann als Halbwellen-Empfangsantenne angesehen werden. Es verhält sich also so, als hätte es sich bis auf die Abmessungen des Nahfeldes der Resonanzfrequenz »vergrößert«. In der Theorie der Quantenmechanik tut es dies, indem es lokal ein großes virtuelles Photon-Wechselfeld erzeugt, das normalerweise nicht existiert. Wegen der kohärenten Überlagerung wird dieses neue Feld zur Antenne. Der signifikante Teil dieses neuen Feldes erstreckt sich bis = (π * Wellenlänge)/2 um das Atom und dieser Radius kann mehrere Tausendmal größer sein als der Atom-Durchmesser. Ein kleines Atom mit einem Durchmesser von 1 Angström und einem starken Wechselfeld kann sich wie eine 1/3-Wellenlänge-Antenne für Lichtwellen verhalten. Obwohl sehr klein, kann das Atom »langwellige« Strahlung wie Licht absorbieren. Das 1-Angström-Atom wird zu einer großen schwarzen Kugel mit 2000 Angström Durchmesser und absorbiert Wellen bis zu 6000 Angström Wellenlänge. Seltsam, nicht wahr? Im Physikunterricht habe ich so etwas niemals gehört. Wahrscheinlich sind die Details der Lichtabsorption durch Atome ein »Loch im Wissen der Physik« und wurden erst durch einige Physiker in den 1980 Jahren behandelt.

Es gibt noch ein weiteres »Wissens-Loch«: Wenn ein Atom Wellen absorbiert, muss es wie eine Antenne die Hälfte der empfangenen Energie wieder abstrahlen. Wenn das Atom nun ein »Photon« absorbiert, müsste es dann immer mit zwei Photonen interagieren, eines aufnehmen und ein anderes abstrahlen? Ich habe noch nie von so einer Überlegung gehört. Es müsste doch im Rahmen der üblichen Beschreibungen von Atomen und Photonen behandelt werden. Vielleicht ist dies auch der falsche Ansatz.

Dieser »Energie-Saug-Effekt« ist nicht auf Atome und Antennen beschränkt. Wir können ein einfaches Gedankenexperiment durchführen, um dieses Phänomen zu demonstrieren. Nachfolgend eine einfache Physik-Analogie, die zeigt, wie kleine Atome aus langen Lichtwellen Energie »saugen« (Abb. 2.1). Angenommen, wir haben einen Sender mit einem VLF-Funksignal und einer Frequenz von 1 kHz. Wir stellen die Feldstärke so ein, dass sie ungefähr genauso stark ist wie das schwache vertikale E-Feld der Erde (100V/m). Wenn das E-Feld des Senders vollständig unterhalb der leitenden Ionosphäre ist und diese in 100km Höhe beginnt, beträgt die Gesamtfeldstärke des E-Feldes 10MV von oben nach unten. Unser Sender muss solch ein Feld produzieren. Dieser hohe Wert ist nicht unrealistisch. Große, gut gestaltete Teslaspulen erzeugen gewöhnlich 10MV. Wird eine solche Spule im Freien errichtet und an einen isolierten Metallturm angeschlossen, so wird die gesamte Erdatmosphäre mit einer 1kHz-Strahlung ausgefüllt. Die Atmosphäre der Erde wäre wie der Hohlraum einer Mikrowelle. Solch ein Wechselspannungsfeld würde ein schwaches 100V/m-E-Feld auf der gesamten Erdoberfläche hervorrufen. Dieses Feld wäre überall durch Instrumente nachweisbar, könnte jedoch vom menschlichen Körper nicht wahrgenommen werden, und wir würden sicherlich erwarten, dass man daraus keine große Leistung beziehen könnte.

Kapazitive Platten-Antenne

Wir haben also ein schwaches E-Wechselfeld überall in der Umgebung im Freien. Stellen wir uns die Frage: Wie würde eine einfache Platten-Antenne diese Energie auffangen (siehe Abb. 2.2)? Wenn wir eine große, horizontale Metallplatte etwa einen Meter über dem Boden haben, so wird sie ein Signal mit 100V und 1kHz abgeben. Aber unsere 100-Volt-Energiequelle besitzt einen extrem hohen kapazitiven Serienwiderstand. Nehmen wir an, die Kapazität zwischen Platte und Erde sei 10pF. Um daraus die maximal mögliche Leistung zu entnehmen, muss der passende Lastwiderstand gleich der Serienimpedanz des Generators sein ($R = 1 / (2 * \pi * F * C) = 16 M\Omega$. Durch den Lastwiderstand sinkt die Generator-Spannung von 100 Volt auf 70,7 Volt. Die empfangene Leistung ist dann 300 Mikrowatt, und der Strom durch den Widerstand liegt im Mikroampere-Bereich. Die Strom- und Spannungsverhältnisse sind wie in einer üblichen Radioantenne. Das schwache E-Feld erzeugt nur ein schwaches Signal, es ist keine Quelle besonderer Leistung. Man kann damit keinen Motor antreiben und auch keine LED zum Leuchten bringen.

Das grundlegende Problem mit dem obigen System ist, dass der leere Raum um unsere Metallplatte wie ein Spannungsteiler wirkt. Wenn die gesamte Spannung zwischen Ionosphäre und Erdoberfläche 10 Megavolt beträgt und die Metallplatte nur einen

Meter über der Oberfläche des Bodens ist, kann diese Platte nur einen kleinen Teil der Spannung erfassen. Der entstehende Strom durch den Widerstand ist ebenfalls sehr klein und damit auch die Leistung. Bestenfalls könnten wir mit viel Glück eine LED kurz zum Aufblitzen bringen, wenn wir vorher die Energie über längere Zeit gesammelt haben. Wir könnten mehr Leistung aus der Antenne ziehen, indem wir einen großen Antennenmast aufstellen oder die Platte stark vergrößern und den Abstand zwischen Erde und Platte vergrößern. Tatsächlich würden wir mehr Energie aus den vorhandenen starken Radiosendern als aus unserer 1kHz Strahlung gewinnen.

2.4 Resonanzantenne

Jetzt fügen wir der Schaltung einen abgestimmten Resonanzkreis hinzu (Abb. 2.3).

Bei Resonanz verschwindet die 10pF-Kapazität unserer Metallplatte. Ein idealer Resonanzkreis verhält sich wie ein unendlicher Widerstand. Wenn also der Schwingkreis keine Verluste hat und genau auf Resonanz abgestimmt ist, wie hoch ist dann die Spannung an der Metallplatte? Sie steigt bis auf 10 Megavolt! Der Resonanzkreis wird kontinuierlich elektromagnetische Energie sammeln, bis die Spannung an der Antennenplatte auf die gleiche Spannung gestiegen ist wie beim Sender.

Beachten Sie, dass die ganze Anordnung relativ klein ist und in jeden Hinterhof passt. Es ist kein 1kHz-1/4-Wellen-Dipol-Turm 30 Kilometer hoch. Es gibt keine riesige Antenne, und deshalb würden wir niemals eine so hohe Spannung erwarten. Wenn wir den Mechanismus, der dahinter steckt, nicht kennen würden, würden wir nur einen LC-Resonator sehen, der aus sich selbst heraus zu oszillieren anfängt, eine immer höhere Spannung aufbaut, bis schließlich Coronaentladungen ausbrechen. Blitze schießen heraus! Das E-Feld in der Nähe der Platte würde gigantisch ansteigen, weit über dem vorher vorhandenen schwachen Erregerfeld. Unsere Maschine im Hinterhof würde sich verhalten wie ein »Perpetuum mobile«. Physiker würden dies für einen bösen Scherz halten. Allerdings ist die Erklärung völlig unspektakulär, die Quelle der Energie ist ein schwaches, nicht merkbares E-Feld, erzeugt durch einen sehr weit entfernten 10MV-Sendeturm. Dieses Phänomen würde nur bei einem idealen verlustfreien Schwingkreis auftreten. Dazu müsste die ganze Anordnung aus supraleitendem Material hergestellt werden, dann wird in der Tat die Spannung am Schwingkreis auf mehrere Megavolt anwachsen. Doch in den meisten realen Schwingkreisen ist das nicht der Fall.

Aber bedenken Sie, Spannung ist nicht gleich Energie. Wie wird also das reale Verhalten einer solchen Vorrichtung sein? Vielleicht ist die ankommende Leistung sehr gering (300-Mikro-Watt), jedenfalls würde es sehr lange dauern (Tage, Monate), bis der supraleitende Resonanzkreis so viel Energie gesammelt hat, dass eine Spannung im Megavolt-Bereich entsteht. Aber betrachten wir nun die Leistung, die von der Anordnung aufgenommen wird, wenn ein Lastwiderstand angeschlossen ist. Für maximale Leistungsentnahme muss der Lastwiderstand gleich groß sein wie der Serienkondensator von 10pF bei 1kHz = 1600 GigaOhm. So einen riesigen Widerstand kann man schwer kaufen und man würde versuchen, statt des riesigen Parallelwiderstands einen kleinen adäquaten Serienwiderstand in Reihe mit der Spule zu verwenden, um die gleiche Wirkung zu erzielen. Einen 1,6-Tera-Ohm-Widerstand werden sie schwer in einem Electronic-Katalog finden, es sei denn, sie besitzen den Teilekatalog, der in dem Film »This Island Earth« vorgestellt wird, diesem alten Schwarzweißfilm, in dem die Ingenieure einen »Interocitor« bauen. Die Teile dafür bestellen Sie per Post aus einem seltsamen Electronic-Katalog. Offensichtlich ist der »Interocitor« eine Alien-Tesla-Spulen-Technologie.

2.4.1 Große empfangene Leistung

Mit unserem 1,6-Terra-Ohm-Widerstand empfangen wir nun bei 10 Megavolt eine Leistung von 30 Watt! Das ist 100.000mal höher als die Leistung einer einfachen nichtresonanten Plattenantenne. Unsere kleine Antenne reicht plötzlich sehr weit und ist scheinbar in direktem Kontakt mit dem entfernten Transmitter. Durch die Änderung der Impedanz wurde sie von einen kleinen Luftkondensator zu einer effektiven Kopplungsvorrichtung zwischen Sender und Empfänger. Unsere Anordnung erzeugt auslöschende Wellen, die damit aus dem umliegenden Feld enorme Energie entziehen. Der Resonanzkreis wurde zu einem Anpassungs-Transformator, der die 10 Megavolt des Himmels heruntertransformiert und den »Himmelsstrom« herauftransformiert. Wenn man die Platte vergrößert oder hoch auf einem Antennenmast montiert oder sie mit einem senkrechten Röntgenstrahl koppelt, der einen ionisierten elektrischen Leitpfad erzeugt, steigt die empfangene Leistung proportional an.

Sie verbinden also einen High-Quality-Resonator mit einer kleinen Antenne und schon werden Sie sehr viel mehr Wellenenergie erhalten. Einfach, nicht?

(Die Ingenieure auf sci.electronics.design-Forum haben mich darauf hingewiesen, dass die 10-Megavolt-Grenze für den obigen Resonator nicht zutrifft. Im Wirklichkeit kann die Spannung sehr viel mehr ansteigen als die Spannung des Senders. Das ganze System ist eigentlich ein Serienresonanzkreis, sodass die Ausgangsspannung prinzipiell nur durch die Güte des Systems (Q) begrenzt wird (hauptsächlich durch den Widerstand der Drähte der Resonatorspule). Die entstehende Spannung ist somit nicht auf die 10 Megavolt Antriebspannung des entfernten Senders begrenzt.)

In unserer früheren Antenne (ohne Resonanzkreis, Kondensatorplatten und Widerstand) empfingen wir eine kleine Menge Energie über die »Himmels-Kapazität« zur Kondensatorplatte in den angeschlossen Widerstand. Wenn die Spannung über dem Widerstand gezwungen werden könnte, stark zu oszillieren, und sie darüber hinaus die richtige Phase im Verhältnis zum Verschiebestrom des Senders hat, dann würde der Energiefluss stark ansteigen. Der winzige Strom über die »Himmels-Kapazität« würde etwa der gleiche bleiben, jedoch mit einer viel höheren Spannung, und das Produkt aus Spannung mal Strom = Leistung vervielfacht sich entsprechend. Erinnern Sie sich an den unerwünschten kapazitiven Spannungsteiler-Effekt in Abb. 2.2? Mit einem Resonanzsystem würde dieser Teiler-Effekt nicht mehr gelten, und die Ausgangspannung wäre nicht mehr so niedrig. Dann verhalten sich die Dinge ganz anders. Der Verschiebestrom durch die »Himmelskapazität« würde vielleicht noch einige Mikroampere betragen, aber der Resonator kann eine hohe Spannung am Ende unseres Übertragungssystems aufbauen und damit den Energiedurchsatz drastisch verändern. In jedem System, das Leistung überträgt, kann die übertragene Leistung mit der Übertragungs-Spannung proportional erhöht werden, bei gleich bleibendem Strom (siehe Prinzip Hochspannungsleitungen).

2.4.2 Fazit

Zusammenfassend lässt sich sagen: Durch eine große Wechselspannung an einem Schwingkreis und die passende Phasenlage in Bezug auf den winzigen eingehenden Strom können wir elektrische und magnetische Leistung aus einer sehr breiten Front einlaufender Wellen »saugen«. Dieses Prinzip funktioniert auch mit einer einfachen Labor-Schaltung unter Verwendung herkömmlicher Spannungsteiler: Fügen Sie einen Resonanzkreis hinzu, und die Serienimpedanz einer Spannungsquelle wird niedriger. Lesen Sie dazu das erste Kapitel: »**Empfangsenergie bei kapazitiven Antennen**«. Das Prinzip funktioniert auch dann, wenn ein Teil der Antennen-Schaltung eine Serien-Kapazität mit einem Plattenabstand von mehreren Metern oder sogar mehreren 10.000 Kilometern leeren Raums enthält. Es ist genau wie beim Prinzip der Hochspannungsleitungen: Um eine große Leistung über einen dünnen Draht zu transportieren, verwenden wir eine hohe Spannung und einen geringen Strom, und am Ende der Übertragung verwenden wir einen Abwärts-Transformator, der Strom und Spannung zurück ins gewünschte Verhältnis umsetzt. Doch in unserem Fall haben wir eine Serienkapazität in Reihe mit dem Generator (»Himmels-Kapazität«), und der Strom in das System ist ein Verschiebestrom zwischen einem Paar weit auseinanderliegender Kondensatorplatten. Wenn man große Energien übertragen möchte, muss man die Spannung am Beginn der Übertragungsstrecke stark erhöhen und am Ende wieder heruntertransformieren. Anstelle eines Abwärts-Transformators verwenden wir ein Resonanzsystem hoher Güte und erlauben, dass die Spannung hoch ansteigt. Als Ergebnis wird elektromagnetische Energie in den Empfänger »gesaugt«.

2.5 Die Verbindung zu Tesla

Beachten Sie, dass diese Prinzipien direkt aus Nikola Teslas Werk über »Drahtlose Leistungsübertragung« stammen. Wenn wir die Atmosphäre mit VLF-Wellen überfluten und die Ionosphäre die Wellen daran hindert, in den Weltraum zu verschwinden, dann kann ein kleiner Resonanzkreis mit hoher Güte aus diesem Feld erhebliche Mengen Energie abgreifen. Der kleine Resonator kann durch seine hohe Spannung ein sehr großes elektrisches Wechselfeld erzeugen, als eine Art »großer Trichter« für ankommende Wellen wirken und dabei erhebliche Mengen Energie sammeln. Er kann dies tun, auch wenn das anregende Feld sehr schwach ist und der Sender Tausende von Kilometern entfernt ist. Das ist nicht das Prinzip des Radioempfangs, bei dem Wellenlänge und Antennenlänge annähernd gleich sind. Bei unserem untersuchten Prinzip verhält es sich wie in einer realen elektrischen Schaltung mit Generator, Kondensatoren und Schwingkreisen, nur sind hier die Kondensatoren sehr klein und die Abstände zwischen den Platten sehr groß. Das ist vielleicht der Gedanke, der auf den Fotos von Nikola Tesla das berühmte »Mona-Lisa-Grinsen« hervorruft. Und das Funkeln in seinen Augen ...

Wenn wir eine Metallschleife statt einer Kondensatorplatte als Antenne benutzen, dann wird der Strom in der Schleife eine ähnliche Aufgabe wie die Spannung in Abb. 2.3 wahrnehmen. Der oszillierende Strom wird sehr groß und erzeugt um die Spule ein sehr großes, intensives, volumenfüllendes magnetisches Wechselfeld. Wenn die Phase korrekt ist, saugt dieses magnetische Feld große Mengen an Energie aus den herankommenden Wellen. Vergegenwärtigen wir uns, dass wir immer nur von sehr kleinen Antennen sprechen (im Verhältnis zur Wellenlänge). Wenn die Frequenz 150 MHz beträgt und wir verwenden eine Antenne von einem Meter Länge, dann kann das Prinzip der »Energie saugenden« Antenne nicht angewandt werden, um den Empfang zu verbessern. Das Prinzip ist gut anwendbar auf den Langwellenbereich, Langdrahtantennen und VLF-Energieübertragung unter Verwendung des Erde-Ionosphäre-»Schumann-Resonanzraums«.

Diese Antennen gehorchen den Gesetzmäßigkeiten der Leistungs-Physik, aber nicht den Gesetzmäßigkeiten der Physik für elektromagnetische Wellen im Raum. Der unmittelbare Raum um jede Antenne gehorcht beiden Gesetzen, der Leistungs-Physik und der Wellen-Physik (Nahfeld- und Fernfeld-EM-Gleichungen), und ich habe nie genau verstanden, wie das funktioniert. Jetzt sieht es so aus, als gäbe es einige interessante versteckte Dinge zwischen Nahfeld- und Fernfeld-Mathematik. Zum Beispiel haben Kristall-Detektorempfänger »Energie saugende« Antennen anstelle von Tunern, und jeder Detektorempfänger besitzt unsichtbare Antennen mit mehreren 1000 Metern Länge ... das gilt auch für jedes tragbare AM-Radio! Cool.

2.5.1 Der Nutzen

Der »Energie-Saug-Effekt« ist sehr begrenzt. Er ist mehr auf Laboranwendungen beschränkt. Er ist nützlich für den Physikunterricht, und Sie können damit eine selektive AM-Antenne bauen. Aber um damit wirklich beeindruckende Effekte zu erzielen, bräuchten Sie einen Resonanzkreis mit sehr, sehr hoher Güte (Q). Bei Verwendung einer handelsüblichen Spule mit Kupferdraht werden Sie keine fantastischen Ergebnisse erzielen. Um solch einen beeindruckenden Zauber zu erzeugen, brauchen Sie massive supraleitende Gerätschaften und wirklich beeindruckende magnetische Wechselfelder. Vielleicht geht es mit massiven Anordnungen von »Seltene-Erden-Permanentmagnete«, probieren Sie es, lassen Sie diese im Vakuum drehen.

Das Prinzip ist auch deshalb begrenzt, weil es ein reiner Nahfeld-Effekt ist. Es kann nur innerhalb eines Radius von 1/6 bis 1/4 Wellenlänge vom Sender funktionieren oder zwischen den Spitzen einer sich ausbreitenden elektromagnetischen Welle. Mit anderen

Worten: Wenn wir einen abgestimmten Kreis hinzufügen, können wir die »effektive Größe« einer winzigen Antenne bis zu einer Halbwelle vergrößern, mehr nicht. In der Praxis ist es bei höheren Frequenzen oft einfacher, gleich einen Halbwellen-Dipol zu verwenden.

Bei VHF- und UHF-Frequenzen wird eine kleine Resonanzantenne mit hoher Güte nicht mehr Energie aufnehmen als eine normale Antenne, da sie bei diesen Frequenzen schon »elektrisch groß« ist. Aber bei niedrigen Frequenzen, sagen wir von 100 Hz bis sogar 500 kHz, kann eine solche Resonanzantenne erhebliche Vorteile bieten, denn Halbwellen-Dipole müssten hier unter Umständen kilometerlang sein.

2.5.2 Nicht in Ihrem Physikbuch?

Im Nachhinein erscheint die ganze Sache offensichtlich, aber warum habe ich früher davon noch nie gehört? Resonanzantennen werden zu ungewöhnlich effektiven Empfängern! Und das Gegenteil muss auch wahr sein: Starkfeld-Resonanz-Antennen schwächen Radiowellen, auch wenn sie sehr klein sind im Verhältnis zur Wellenlänge. Wären nicht die Verlustwiderstände in den Antennen, so würde sich ihr Wechselfeld immer mehr vergrößern und kein Signal könnte entkommen. Haben die Radiodesigner erkannt, dass alle kleinen resonanten Antennen mit starken EM-Feldern genauso wie lange Drahtantennen mit Feldern der üblichen Stärke agieren? Benutzen Amateurfunker 80-Meter-Sendeantennen mit hohem Q-Faktor und enormen magnetischen und elektrostatischen Feldern? Wissen AM-Radiostationen, dass ihre aufwendigen hohen Sendemasten nicht wirklich notwendig sind? Erkennen Lehrer für Naturwissenschaften, dass sogar der simpelste Detektorempfänger ein Paar Kopfhörer antreiben kann, sobald ein Schwingkreis vorhanden ist? (Der Schwingkreis in einem Detektorempfänger ist kein Bandpassfilter, es ist ein »Energie-Sauger«.) Haben Physiker wirklich begriffen, wie diese winzigen Atome Licht mit langer Wellenlänge aufnehmen und abstrahlen? Sind sich Physiker bewusst, dass für die atomare Wechselwirkung der Photonen immer zwei Photonen benötigt werden, eines, das aufgenommen wird, ein zweites, das reflektiert wird?

Tragbare AM-Radios haben bereits abgestimmte Resonanz-Loop-Antennen, und so war es immer (Ferritantennen). Wir tragen schon seit 1960 Nikola Teslas »Leistungs-Empfänger« in unseren Hosentaschen. Auch die früheren Rückkopplungs-Empfänger (Regenerativ-Epfänger) waren nicht das, was sie zu sein schienen. Sie sendeten, um zu empfangen, sie waren Nutznießer dieses bizarren »Energie-Saugen-Prozesses«. Rückkopplung ist nicht nur eine Art, ein kleines Signal zu verstärken, sondern es erhöht das eingehende Signal von einer kurzen Antenne durch einige seltsame physikalische Phänomene. Wussten die Designer vor 90 Jahren etwas, was die moderne Wissenschaft nicht mehr weiß?

2.5.3 Ergänzung

Nachdem ich wieder und wieder über die Sache nachgedacht habe, sind mir ein paar neue Gedanken gekommen.

- Versuchen Sie, einen Empfänger-Schwingkreis mit so hoher Güte wie möglich zu bauen und verbinden Sie dann den Schwingkreis mit einer Zenerdiode oder einem anderen nichtlinearen Bauteil. Zunächst steigt die Spannung bzw. der Strom des Resonanzkreises zu einer großen Höhe an und erzeugt ein intensives Wechselfeld. Erst nachdem die Wechselspannung die Höhe der Zenerspannung erreicht hat, wird Energie aus dem Kreis entnommen. Diese würde in der Zenerdiode nutzlos in Wärme umgewandelt. Deswegen benutzen wir lieber eine Diode mit nachgeschaltetem Kondensator als DC-Energiespeicher.

- Versuchen Sie, mit einer FM-Detektor-Schaltung einen Empfänger zu zwingen, genau auf die Sendefrequenz einzurasten. Wenn wir dies tun, können wir immens hohe Q-Faktoren benutzen, ohne unsere Frequenzabstimmung zu empfindlich zu machen. Wir können so sogar Signale senden (breitbandig, nicht schmalbandig) und mit diesen entfernte Motoren antreiben. Ich habe keine genaue Vorstellung, wie FM-Detektoren arbeiten, könnte sein, dass das gar nicht so kompliziert ist. Vielleicht braucht man eine aktive PLL-Schaltung, die einen variablen Kondensator antreibt ...

- Sobald der Empfänger schwingt und Energie übertragen wird, ändern Sie plötzlich die Senderspannung. Da das gesamte System wie ein gut gekoppelter Transformator wirkt, vermute ich, dass schnelle Änderungen der Senderspannung auch schnelle Änderungen der Empfängerspannung bewirken. Vielleicht dauert es nur eine Periode bis sich der Wechsel am Empfänger bemerkbar macht. Nun ein seltsamer Gedanke: Wenn der Sender schneller moduliert wird als die Sendefrequenz, würde dann die schnelle Modulation am Empfänger erscheinen? Das ist unmöglich, weil es die allgemein anerkannten Regeln und Theorien der Amplitudenmodulation verletzen würde. Andererseits ähnelt ein gekoppeltes Resonanz-System eher einem Paar von Atomen, die Photonen austauschen, als einem HF-Sende-Empfängersystem. Wenn sich die Anordnung wie ein quantenmechanisches kohärentes System verhält, dann können wir vielleicht den Sender schneller modulieren als die Trägerfrequenz. Wenn das funktioniert, wäre es wirklich komisch, nicht? Stellen Sie sich vor, Sie senden auf der 59-Hz-Erd-Resonanz-Oberton-Frequenz, dann modulieren Sie den Träger von 59 Hz mit 1 kHz, und das Signal erscheint am Resonator des Empfängers. Es würde keine Radioenergie übertragen. Das Signal würde mehr einer quantenmechanischen »kollabierten Wellenfunktion« ähneln, die sich über den »ionosphärischen Hohlraumresonator« der Erde ausbreitet.

- Die Resonator-Antenne simuliert Atom-Absorbtion und sollte deshalb auch stimulierte Emission imitieren. Sobald die Schaltung schwingt, absorbiert sie wegen der passenden Phasenlage ankommende Wellen. Die Phasenlage verursacht die Kopplung und die Energieflussrichtung zwischen Sender und Empfänger. Wenn der Sender plötzlich ausgeschaltet wird, dann ist die Schaltung vielleicht nicht fähig zu senden, denn ohne die Wellen vom Sender kann der »Poynting-Flux-Emissions«-Prozess nicht stattfinden. Das Phänomen ist definitiv nichtlinear! Und was passiert, wenn die Wellen eines Senders plötzlich auf die Felder einer kurzen Antenne treffen? Wenn die Phase richtig ist, sollte die kurze Antenne von einem Oszillator zu einem Emitter wechseln und Energie ausstrahlen! Dies ist das Gegenteil von »Energie-Saug-Wirkung« weil »Energie-Saugen« nur dann auftreten kann, wenn dem leistungsstarken Feld um eine kurze Antenne ein wanderndes Feld gegeben wird zur Unterstützung der Stimulation für eine stimulierte Emission. Absorption und Emission erfordern sowohl die aufgefangenen Felder von der Antenne als auch die wandernden Felder des entfernten Transmitters. Wenn meine Argumentation keinen Fehler aufweist, bedeutet dies, dass es möglich sein sollte, eine Art Radiofrequenz-Laser zu bauen, bei dem ein entfernter Sender eine kleine Loop-Resonator-Antenne dazu bringt, ihre Energie auf die gesendete Welle zu übertragen.

So, inzwischen fangen selbst meine exzentrischen Gedanken an, über mich zu jammern. Sie klagen, dass dieses »Loch in der Physik« ernsthaft die zeitgenössische Quantenelektrodynamik erschüttern könnte und dass es zeigt, dass Einsteins ursprüngliches fotoelektrisches Experiment falsch verstanden werden könnte. Aber Hallo, wenn Einstein falsch lag, bedeutet das, dass ihm der Nobelpreis rückwirkend entzogen wird und demjenigen verliehen wird, der konsequent zeigen kann, dass »Energiesaugende Antennen« eine bessere Erklärung für alle quantenmechanischen Phänomene sind? Oder bedeutet es nur, dass der »Spinner« in mir sicherstellen will, dass sich kein herkömmlicher Wissenschaftler mit dieser Sache beschäftigt und experimentiert?

2.5.4 Achtung: Die Auswirkungen exzentrischer Gedanken

Wenn EM-Resonanz äußerst wichtig ist und die Mainstream-Wissenschaft die Auswirkungen des Prinzips nicht erkennt, dann weiß nur Gott allein, wie viele ungewöhnliche Phänomene auf die Erforschung durch Amateure warten. Die professionellen Forscher mit ihren guten finanziellen Möglichkeiten sind noch nicht auf diesem »neuen Kontinent« angekommen. Es gibt noch viele Geheimnisse zu erforschen, und es kann noch viele Jahre dauern, bis die ganze Sache gepflastert ist, mit guten Wissens-Autobahnen durch die NSF und deren finanziellen Möglichkeiten. (NSF = National Science Fondation USA).

2.6 Ohren als Antischall-Sender

Wenn jede Art »kleiner Empfänger« anscheinend ein Wechselfeld um sich herum aufbaut, so können wir vermuten, dass jede Art Empfänger sich an dieses Konzept hält und von sich aus aktiv ein »Antisignal« erzeugt und als Ergebnis mehr Wellenenergie empfängt, als es die physikalische Größe vermuten lässt. Dies könnte auch für akustische Systeme zutreffen! Wenn wir eine kleine Resonanzkammer mit langwelligen Schallwellen der richtigen Frequenz bestrahlen, werden sich stehende Wellen in der Kammer aufbauen und diese wird zu einem Sender werden. Wenn es eine akustische Analogie zur vorstehenden Antennenphysik gibt, so wird die Resonanzkammer die ankommenden Sounds zu sich »hinbiegen«. Wenn die ausgestrahlten Wellen der Resonanzkammer sich mit den dreidimensionalen ankommenden Wellen überlagern, so werden diese verzerrt zur Kammer hingebogen und somit vergrößert sich der Bereich der »virtuellen Ansaugöffnung«. In der elektromagnetischen Physik ist dieses Phänomen gut bekannt. Es geht um den Begriff der »effektiven Apertur«.

Könnte die biologische Evolution den »Energie saugenden Resonator« entdeckt und schon lange auf das Prinzip des Ohres angewandt haben? Eine Ansammlung programmierbarer Resonatoren könnte viel besser funktionieren als ein Breitband-Empfänger, auch wenn der mit einem Verstärker versehen ist.

Es hat sich herausgestellt, dass menschliche Ohren ihre eigenen Signale produzieren können. Es ist noch ein großes Mysterium und die vorgeschlagenen Theorien darüber stimmen mit den experimentellen Befunden nicht überein.

Ich stelle fest, dass bei Frequenzen unterhalb von einigen kHz die Wellenlänge größer ist als die Abmessungen des äußeren Ohrs. Vielleicht verbessern unsere Ohren ihren Empfang, indem sie Signale aussenden, die mit den eintreffenden Schallwellen phasensynchron sind? So ein Effekt könnte leicht übersehen werden, weil die vom Ohr ausgestrahlten Wellen den empfangenen Wellen ähneln und man sie leicht als Reflexion missdeuten kann.

Ich habe gehört, dass das menschliche Ohr eine unerklärliche Eigenschaft hat: Es kann Signale erkennen, die weit unterhalb jeglichen logischen Rauschpegels liegen. Die Erkennungsfähigkeit des Ohres übersteigt angeblich den »quantenmechanischen« Rauschpegel. Vielleicht vergrößern die Ohren ihre empfangene akustische Energie mittels eines »Antisound«-Rückkopplungs-Effekts ähnlich der Resonanz? Gibt es auch andere Situationen, in denen kleine akustische Resonatoren ungewöhnlich große Mengen an Energie empfangen können? Ist das der Schatten von »Ernst Worrell Keely«? (siehe wikipedia und www)? Haaa, vielleicht habe ich endlich eine klare Erklärung für das »Acoustic Black Hole«-Phänomen von William Beaty mit den kleinen Plastikröhrchen (siehe www). Somit würde auch »Dr. Thomas Gold« bestätigt und seine Gegner würden sich als, sagen wir, ein wenig »taub« erweisen für seine Worte.

Anmerkung: Wie kann das Innenohr ein Geräusch erzeugen? Vielleicht tut es das gar nicht. Vielleicht moduliert es die Steifigkeit seiner Teile und nutzt daher nichtlineare Physik, um Energie aus anderen Frequenzbändern zu entnehmen und für die Oszillation der Frequenzen zu verwenden, die es aussenden will. So ähnlich, als würde man einen Detektorempfänger als »Batterie« verwenden, der einen Audioverstärker eines weiteren Detektorempfängers speist, auf einer anderen Frequenz.

Oooh, seltsame Idee! Wenn das Ohr nur Schall produziert, wenn es Schall empfängt, dann ist es schwierig, das festzustellen. Vielleicht geschieht das auch unter bewusster Kontrolle? Wenn wir aufmerksam eine bestimmte Frequenz hören, justieren wir offensichtlich die gehirninternen Signalverarbeitungs-Algorithmen. Was ist, wenn unsere bewusste Konzentration die innere Mechanik des Ohrs so verändert, dass es Energie aus einer bestimmten Frequenz »saugt«. Falls ja, könnte man als Experiment einen Raum mit weißem Rauschen beschallen, ein kleines Mikrofon ganz nahe am Ohr befestigen, einen Spektrumanalysator anschließen und sich abwechselnd einmal auf die hohen Frequenzen und einmal auf tiefen Frequenzen konzentrieren. Wird sich Ihr Ohr verändern (wird sich das Spektrogramm des Mikrosignals ändern)? Oder wenn Sie sich auf einen ganz bestimmten Ton konzentrieren, wird es dann im Spektrogramm ein Frequenzloch geben? Oder machen wir es noch deutlicher: Die Signale des Generators von den Signalen des Mikrofons subtrahieren und sehen, was übrig bleibt (Differenz-Signal). Anschließend abwechselnd auf die hohen und auf die tiefen Töne konzentrieren. Wird sich das beobachtete Signal verändern? Wenn dem so ist, dann entwickeln Sie eine Schaltung, die diese Änderung erkennt und eine Glühbirne schaltet. Oder noch besser, kleben Sie ein Mikrofon ins Ohr, dekodieren Sie die Veränderungen im Klangspektrum und steuern Sie mehrere Geräte durch Gedanken an Tonfolgen!

Wenn das funktioniert, versuchen Sie als nächstes Folgendes:

Erstellen Sie das zuvor beschriebene System, hören Sie sich weißes Rauschen an, und stellen Sie sich vor, das Wort »Ja« zu hören. Tun Sie das mehrere Male. Zeichnen Sie dabei das Differenzsignal oder auch das Originalsignal des Mikrofons auf und spielen Sie die Aufzeichnung ab. Können Sie das Wort »Ja« erkennen, dass von Ihren Ohren ausgesendet wurde? Wenn ja, dann wissen Sie jetzt, wie Sie durch Ihre Ohren reden. Das funktioniert nur, wenn Sie zugleich weißes Rauschen hören. Stellen Sie sich vor, Sie würden Musik im Rauschen hören, und prüfen Sie dann, ob diese Musik in der Aufnahme von dem kleinen Mikrofon erscheint. Vielleicht könnten damit Komponisten »Musik denken« und direkt aufzeichnen. Denken Sie in Worten an sich selbst und prüfen Sie, ob Ihre »verbalen Gedanken« über die Ohren aus dem Kopf austreten und außen erscheinen. Ist das vielleicht eine Art »akustische Telepathie«? Kann eine blinde Personen sich orientieren mittels weißem Rauschen als korreliertem Akustik-Radar?

Ok, kontaktieren Sie als Nächstes eine schizophrene Person die Stimmen hört, und versuchen Sie, die Stimmen mittels weißem Rauschfeld und im Ohr montierten Mikrofonen aufzuzeichnen. Stellen Sie den verschiedenen Persönlichkeiten des Schizophrenen spezielle Fragen und schauen Sie, ob sie antworten. Sie haben soeben einen »Ousiograph« erfunden! Jetzt können Sie damit in einer Show auftreten, mit oder ohne Beteiligung des Opfers.

Wer wird der Erste sein, der diesen Ideen nachgeht, um herauszufinden, ob es funktioniert oder ob ich total verrückt bin?

2.6.1 Kugelblitz

Das Phänomen des Kugelblitzes ist noch nicht geklärt. Eine der orthodoxen Erklärungen ist die »Sturm Maser«-Theorie: Wenn Gewitter Mikrowellenenergie ausstrahlen und irgendetwas irgendwie diese Energie fokussieren kann, dann könnte ein Stickstoff-Plasma entstehen.

So weit so gut, die »Energie-Saug-Theorie« gibt uns aber eine weitere Erklärung. Angenommen, Gewitter senden schwache ELF/VLF-E-Felder aus anstelle von intensiven Mikrowellen. Es könnte geschehen, dass ein Plasma in Resonanz gerät mit dem kohärenten E-Wechselfeld des Gewitters und wenn dann die Güte Q des resonanten Plasmas sehr hoch ist, würde dieses Plasma ein enormes hochfrequentes E-Feld um sich aufbauen. Es würde Energie aus dem Gewitter »saugen« und dabei leuchten. Haben Stickstoff-/Sauerstoff-/Kohlenstoff-Plasmas irgend eine Resonanz in ELF/VLF-Feldern? Die Plasmas in den Koronas der Gewitterwolken können die gleiche Frequenz aussenden wie eine Stickstoff-Plasma-Kugel empfangen könnte. Was ist mit Kohlefaser-Netzwerken aus kondensiertem Ruß? Oder gibt es statt Resonanzenergie empfangender Plasma-Kugeln eine Selbstorganisation, die mit selbstorganisierten Blitz-Plasmas kommunizieren und sich untereinander verständigen bzw. ein »Tesla-Power-System« bilden? Wir würden dann die Kugelblitz-Energie-Quelle mit schwachem elektromagnetischem weißem Rauschen verwechseln. Das Gewitter wird der Sender, und das Kugelblitz-Plasma fungiert als »frequency hopping«-Empfänger mit hoher Güte Q.

Erzeugen Gewitter kohärente VLF-E-Felder? VLF-Radios können so etwas nicht empfangen und so vermuten wir, dass solche Signale gar nicht existieren. Aber Vorsicht! Es könnte ein Nahfeld-Effekt sein, bei dem es keine Radiofrequenzstrahlung gibt, indem das E-Feld und B-Feld nicht direkt über die Impedanz des freien Raums verbunden sind. Eine Schleifenantenne wird in einem Radioempfänger verwendet unter der Annahme, dass ankommende elektromagnetische Wellen eine E- und M-Komponente haben und wir sowohl die M-Komponente als auch die E-Komponente gleichermaßen empfangen können (deshalb funktionieren Schleifenantennen und Halbwellen-Antennen). Das gilt vermutlich nicht für VLF-Felder aus der Natur. Nehmen wir an, ein Gewitter (oder sogar die ganze Erde) hat ein starkes vertikales elektrisches Wechselfeld. Eine Schleifenantenne, die lediglich die B-Komponente eines Feldes erfasst, würde dieses rein elektrische E-Wechselfeld nicht erkennen. Ebenso wäre es mit einem waagerecht aufgehängten Halbwellen-Dipol. Aber ein Resonanzkreis zwischen einem senkrecht aufgehängten Draht und Erde würde selbstverständlich stark reagieren. Mit einer hohen Schwingkreisgüte Q kann dieses System erhebliche Energie ansammeln. Das ist das künstliche, analoge System des Kugelblitzes.

2.6.2 RF-Transformatoren: Enge Kopplung zwischen zwei entfernten Spulen

Transformatoren mit Eisenkern sind Beispiele für enge magnetische Kopplung, und es kann erhebliche Leistung zwischen zwei räumlich getrennten Spulen übertragen werden. Wenn dies auf der magnetischen Ebene funktioniert, sollte es auf der elektrostatischen Ebene genauso sein. Kondensatoren sind Beispiele für enge elektrostatische Kopplung. So verhält es sich mit zwei Resonanzkreisen mit starker magnetischer Kopplung

(Schleifenantennen) oder zwei Resonanzkreisen mit starker elektrostatischer Kopplung (Hochvolt-Dipol-Antennen). Der Abstand zwischen den jeweiligen Resonanzkreisen muss unter 1/4 Wellenlänge oder die B-Feldstärke bzw. die E-Feldstärke muss sehr hoch sein. Jetzt, da ich das schreibe, fällt mir ein, dass diese Dinge im allgemeinen Gebrauch sind: Luftspulen-Transformatoren in High-Power-UKW-Radiostationen nutzen diesen Effekt. Wenn beide Seiten eines Luftspulen-Transformators auf die gleiche Frequenz abgestimmt sind, dann hat das B-Feld um die Transformatoren ein sehr hohes Niveau und der Durchsatz der Energie wird sehr hoch sein, obwohl es keinen geschlossenen Eisenkern-Magnetkreis und damit keine feste Kopplung zwischen den Spulen gibt. Die Kopplung ist scheinbar sehr locker, obwohl sie in Wirklichkeit sehr stark ist.

2.6.3 Mechanisches »Energie-Saugen«

Ein Hobby-Wissenschaftler weist daraufhin, dass mechanische Kräfte in elektromagnetischen Resonanzsystemen sehr bedeutsam werden können. Normale Transformatoren und Kondensatoren zeigen deutliche mechanische Kräfte. Wenn ein Transformator in einen Induktionsmotor umgewandelt werden kann und ein Kondensator in einen elektrostatischen Motor, welcher Motor kann dann aus einem losen oder eng gekoppelten Resonanzkreis-Paar gebaut werden? Ich habe keine Ahnung. Vielleicht lauern schon einige seltsame Hobbyprojekte im Untergrund. Stellen Sie sich einen Hochfrequenz-Asynchronmotor vor, ohne Eisen, dessen Resonanz-Stator in großer Entfernung vom Resonanz-Rotor aufgebaut ist, dessen Drehmoment aber immer noch enorm wäre. Oder denken Sie an einen elektrostatischen Motor, basierend auf einem Kondensator mit hoher Güte, hoher Spannung, hohem Drehmoment, dessen spannungsführende Teile komplett in Kunststoff eingegossen sind (wegen der Korona-Entladungen). Stellen Sie sich einen Super-Magnet vor, der gut ausgewuchtet mit 50 Hz in einer Vakuumkammer irgendwo im Wald steht, angetrieben von dem schwachen 50-Hz-Magnetfeld der technischen Umwelt.

2.7 Elektromagnetische Witzbolde

Ein teuflischer Gedanke: Wenn wir eine Antenne innerhalb eines Abstands von 1/4 Wellenlänge von einem AM-Radiosender aufstellen, könnten wir so viel Energie »saugen« dass man damit Motor und Glühbirnen betreiben kann. Die Resonanz-Antenne könnte sehr klein sein, aber sie würde ein enormes E-Feld erzeugen und es wäre so, als würde man den Sendeturm berühren (Gleiches gilt für resonante Schleifenantennen bezüglich B-Feld). Ich habe schon von Fällen gehört, in denen mittels »induktiver Kopplung« bei 50 Hz elektrische Energie gestohlen wurde: Resonanzenergie-Diebstahl. Das Hinzufügen eines Resonanzkreises würde die Fähigkeit einer Aufnehmerspule, von weit entfernt Energie zu saugen, erheblich steigern, solange die Frequenz entsprechend niedrig ist. Physikalisch gesprochen: Wenn die Welt schon voller Natrium-Licht ist, dann bauen wir eben einige künstliche Natriumatome als Absorber.

2.7.1 Schlafmangel als Droge

Abschließend möchte ich eine ganz offensichtliche Frage beantworten: Bin ich auf Drogen oder was?! Nein, ich bin ganz auf der Spur. Ich bleibe oft nächtelang am Stück wach. Mangel an Schlaf ist wie ein Medikament. Nicht LSD verwende ich, sondern LOS (Loss of Sleep)! Studenten in der Prüfungszeit wissen, wovon ich spreche. Ein paar Nächte hintereinander wach bleiben und Sie spüren, dass Philosophie eine ganz neue Bedeutung gewinnt, dass Ihre Frau beginnt Sie ganz lustig anzusehen, Sie laufen Gefahr, den Gedanken von »Heinlein/Hubbard/Wilson« zu folgen, und beginnen ihre eigene Religion zu entwickeln ... und die langen dunklen Schatten von Tesla und Feynman erzeugen in Ihrem Unterbewusstsein »spezielle Ideen« in Ihrem pochenden, dementen, subprozessoralen, neuronalen Netzwerk.

Das ist vielleicht meine Situation ... und was machen Sie so zu Ihrem Spaß?

3 Energie absorbierende Funkantennen

Im Folgenden sind einige Gedanken über eine winzige Antenne dargestellt, die große elektromagnetische Wellen aufnehmen kann.

3.1 Mechanische Antennen

Angenommen, ein Stabmagnet ist an einer Achse angebracht, dann ist er der Länge nach drehbar. Wenn er rotiert, dreht er sich der Länge nach und erzeugt ein großes oszillierendes B-Feld in der Umgebung. Wenn in seiner Nähe eine Spule angeordnet und dann mit einem Wechselstrom gespeist wird, kann die Rotation des Magneten erzwungen werden. Offensichtlich stellt dies einen Synchronmotor dar. Möglicherweise muss der Magnet manuell gedreht werden, um eine »Verriegelung« mit dem Wechselfeld der Spule zu erreichen.

In diesem Synchronmotor wird, falls die Lagerreibung klein ist, keine Energie aus der Spule entnommen, nachdem sich der rotierende Magnet selbst mit dem Magnetfeld der Spule verriegelt hat. Der Magnet ist mit der Spule synchronisiert und entnimmt keine Energie. Die Phasen des Magneten und der Felder sind jedoch wichtig.

Wird nun der rotierende Stabmagnet mit Reibung versehen, bleibt die Phase des Magneten hinter dem Feld der Spule zurück, wobei der Magnet der Spule eine signifikante Energie entzieht. Der Magnet saugt Energie aus dem Raum um ihn herum, während die Spule die Energie zurück in den Raum abgibt. Es erweist sich, dass diese Phasenverzögerung des Magnetfelds die Ursache für den Energieabfluss ist. Der Synchronmotor leistet Arbeit.

Dabei geschieht Folgendes; Zuerst speichert der Elektromagnet Energie als ein B-Feld im umgebenden Bereich. Dann hebt der Magnet dieses Feld teilweise auf. Gleichzeitig wirkt auf den Magneten eine Antriebskraft, durch die er beschleunigt wird. Die »aufgehobene« Energie verschwindet nicht. Stattdessen liegt sie als kinetische Energie im rotierenden Magneten vor. Der Magnet zieht im Wesentlichen Energie aus der Spule, wobei die Spule keine Energie verlieren würde, wenn der rotierende Magnet nicht vorhanden wäre.

Was geschieht, wenn die Spule ein Stück vom rotierenden Magneten weggezogen wird? Das Drehmoment wird kleiner, wobei der Magnet die Synchronisation verlieren wird, es sei denn, entweder die Reibung wird verringert oder der Stabmagnet wird stärker gemacht. Es wird angenommen, dass der Magnet stärker gemacht wird. Nun nimmt der Magnet immer noch mit der gleichen Rate wie vorher Energie aus der Spule, selbst wenn der Abstand zwischen der Spule und den Magneten vergrößert wurde. Was wäre, wenn der Abstand immer mehr vergrößert würde und außerdem der Magnet sehr stark gemacht würde? Der Synchronmotor würde immer noch sehr gut arbeiten. Außerdem müsste der Magnet nicht so stark sein, falls angenommen wird, dass die Reibungsbelastung am Anfang klein war.

Was wäre, wenn anstatt der Verwendung einer entfernten Spule der Magnet mit einer Funkwelle von einem entfernten Sender angetrieben würde? Der rotierende Magnet wird wie vorher arbeiten. Er wird hinter den ankommenden Feldern zurückbleiben, wobei er fortgesetzt Energie aus den umgebenden Feldern entnehmen und sie durch die Reibung in Wärme umsetzen würde. Wenn die Flusslinien der Energie (das Poynting-Feld) grafisch dargestellt werden, ist zu sehen, dass die Funkwellen in einem großen Bereich auf den rotierenden Magneten fokussiert sind und in ihn eindringen. Der Magnet bleibt trotzdem mit den »Antriebsfeldern« verriegelt, wobei er höchstens 90 Grad hinter ihnen zurückbleibt. Der Magnet wird durch die Funkwellen gedreht. Die absorbierte Energie endet als Reibungswärme.

Der Magnet kann viel kleiner als die Wellenlänge der Funkwellen sein. Nicht die physikalischen Magnetpole, sondern das Feld des Magneten nimmt die Energie auf. Außerdem tritt der physikalische Magnet selbst nicht direkt mit den ankommenden Wellen in Wechselwirkung. Stattdessen findet die Wechselwirkung mit den Funkwellen über das Nahfeld des B-Feldes des Magneten statt, wobei dieses geänderte B-Feld eine Kraft auf den Magneten ausübt. Das statische Feld des Magneten absorbiert Energie von den Funkwellen und liefert diese Energie als eine über eine Entfernung ausgeübte mechanische Kraft an den Magneten. Das Nahfeld des B-Felds wirkt wie eine Antenne! Weil die Energie von den Funkwellen absorbiert wird, muss der rotierende Magnet einen großen »elektromagnetischen Schatten« werfen und ein großes Loch in den ankommenden Wellenzug stanzen. Der Magnet kann winzig sein, sein Magnetfeld kann sich aber über eine große Entfernung erstrecken. Es ist, als ob sich der rotierende Magnet selbst mit einer großen schwarzen »Absorberwolke« umgibt, welche die ankommenden elektromagnetischen Wellen blockiert. Offensichtlich kann der Magnet nur etwa eine Entfernung um sich selbst »erreichen«, die einer viertel Wellenlänge entspricht. Der Synchronmotor ist nun eine »Energie absorbierende« Antenne geworden.

Um das Bild zu vervollständigen, wird der rotierende Stabmagnet durch eine winzige Spule und einen Kondensator ersetzt, wobei in die Schleife ein Reihenwiderstand geschaltet wird, der als eine »Reibungslast« wirkt. Der Funksender könnte sich weit entfernt von der Spule befinden, wenn jedoch der Wechselstrom in der Resonatorspule ein äußerst starkes Magnetfeld aufbauen und erzeugen kann, kann dieser »Motor« trotzdem sehr viel Energie aus den Antriebsfeldern im Raum um ihn absorbieren. Er ähnelt einem Synchronmotor ohne bewegliche Teile. Er ist wie ein winziges Boot, das ein riesiges Segel aufrichten kann, um den Wind einzufangen.

3.2 Ein Permanentmagnet als eine supraleitende Antenne

Damit eine winzige Antenne elektromagnetische Wellen über einen riesigen Bereich auffängt, muss der Gütefaktor »Q« der Antenne sehr groß sein. Mit anderen Worten: Der Widerstand der Drahtspule muss äußerst niedrig sein. Durch den natürlichen spezifischen elektrischen Widerstand alltäglicher Metalle wird streng begrenzt, wie groß die »virtuelle Größe« der Antenne sein kann. Um wirklich riesige Energiemengen zu »erfassen«, sind Supraleiter erforderlich.

Eine Spule aus einem Supraleiter ähnelt einem Permanentmagneten. Der große Unterschied ist, dass der Strom in der supraleitenden Spule für externe Schaltungen verfügbar ist, während es der »Strom« innerhalb der Elektronenspins eines Ferromagneten nicht ist. Es gibt jedoch einen Trick. Wenn ein Permanentmagnet gedreht oder hin- und herbewegt wird, verhält er sich wie eine supraleitende Spule für Wechselstrom. Er erzeugt ein starkes Magnetfeld eines Wechselstroms, wobei er Energien von ankommenden elektromagnetischen Wellen absorbieren kann, falls die Phase des Felds richtig ist. Wenn sich ein leistungsfähiger Permanentmagnet hin- und herbewegen kann, wirkt er wie eine große Schleifenantenne. Um die empfangene Energie abzuzapfen, wird einfach eine Aufnehmerspule in der Nähe des sich hin- und herbewegenden Magneten angeordnet.

Dies wird offensichtlich nur funktionieren, wenn die empfangene Frequenz ziemlich niedrig ist. Ein großer rotierender Neodym-Magnet kann Energie von einer 60-Hz-Strahlung erfassen, jedoch nicht von einer 10-kHz-Strahlung. Dennoch könnte es Plätze geben, an denen rotierende Magneten als Miniaturantennen dienen können.

Wenn ein Mikroroboter gebaut wird, wie soll er angetrieben werden? Mit chemischen Batterien? Vielleicht könnten Solarzellen verwendet werden, die aber eine große Fläche benötigen, oder es könnte die Energie zu einer bordeigenen Aufnehmerspule gesendet werden, die aber sehr schwierig zu wickeln ist. Eine resonante Aufnehmerspule wäre gut, aber der Q-Faktor muss hoch sein. Was wäre, wenn viele winzige Magneten auf vielen winzigen Fasern angeordnet würden, so dass die Magneten mechanisch resonant sind? Bei der Resonanzfrequenz würde die Anordnung der Magneten wie eine ziemlich große »virtuelle Aufnehmerspule« wirken. Wird um die Magnetanordnung eine Spule mit einer Windung gewickelt, ergibt sich für den Roboter eine bordeigene Stromversorgung mit einer ziemlich hohen Wechselspannung.

3.3 Einige Fragen

Wie kann ein Elektron in einer herkömmlichen Antenne Energie von elektromagnetischen Wellen absorbieren?

Jedes Elektron in einer Antenne ist viel zu klein, um mit langwelligen elektromagnetischen Feldern in Wechselwirkung zu treten! Aber die Felder der Elektronen führen die Wechselwirkung aus, wobei der physikalische Durchmesser des Teilchens nicht sehr wichtig ist. Das Elektron kann unendlich klein sein, solange seine Felder einen signifikanten Bereich einnehmen. Die ankommenden elektromagnetischen Wellen »kollidieren« mit den Feldern des Elektrons, anstatt das Elektron selbst zu treffen. Wenn die Felder des Elektrons geändert werden, können sie das Elektron bewegen.

Die Antennendrähte enthalten bewegliche Elektronen, aber normalerweise werden die Felder dieser Elektronen durch die Felder der Protonen aufgehoben. Die Elektronen und die Protonen müssen ihre Felder nach außen ausdehnen, damit sie mit elektromagnetischen Wellen in Wechselwirkung treten können. Deshalb müssen sie eine Relativbewegung besitzen und/oder voneinander getrennt sein. Um viel elektromagnetische Energie aufzunehmen, muss die Antenne also ein eigenes starkes Feld erzeugen.

Dies impliziert, dass sogar für herkömmliche Antennen die Antenne nicht nur ein passiver Absorber ist. Stattdessen ist sie eine aktive felderzeugende Vorrichtung. Die Felder des Nahfeldbereichs sind die Antenne, während es die Elektronen und Protonen nicht sind. Die Felder des Nahfeldbereichs sind die Antenne, während es die Metallteile der Antenne nicht sind. Wenn jedoch die sich hin- und herbewegenden Elektronen in einer Antenne ein Feld im Nahfeldbereich erzeugen können und wenn sich dieses elektromagnetische Muster als eine »absorptive Oberfläche« verhalten kann, die wiederum Kräfte auf die Elektronen ausübt, dann absorbieren die Felder des Nahfeldbereichs Energie aus dem umgebenden Raum und liefern sie an den dünnen Antennendraht. Selbst wenn ein herkömmlicher Viertelwellendipol elektrisch lang ist, benötigt er trotzdem die »energieabsorbierende« Wirkung, um eine große »absorptive Oberfläche« darzustellen, durch die er mit den ankommenden elektromagnetischen Wellen gekoppelt wird.

Die Forscher um 1900 lagen nicht so falsch, als sie große Kupferplatten ausbreiteten, um sie als Funkantennen zu verwenden. Sie wollten einen Absorber mit großer Fläche für die ankommenden Wellen bereitstellen. Schließlich stellten sie fest, dass dünne Drähte genauso gut arbeiteten. Trotzdem, dünnen Drähten mangelt es an Fläche, wie können sie also viel elektromagnetische Energie absorbieren? Es sind einfach die Felder der Drähte, die als Wellenabsorber mit großer Fläche wirken. Sobald dies klar ist, erscheinen die »Energie absorbierenden Antennen« weit weniger unheimlich.

Wie können das Magnetfeld und das elektrostatische Feld um eine kleine Antenne elektromagnetische Energie absorbieren, wenn diese Felder 90 Grad phasenverschoben sind?

Wenn die E- und M-Felder grafisch dargestellt werden, ist zu erkennen, dass es besser ist, wenn die zwei Felder 90 Grad phasenverschoben sind. Die E- und M-Felder der ankommenden elektromagnetischen Wellen sind selbstverständlich phasengleich. Nur die Felder der Antenne sind gegenphasig.

Die kleine Antenne arbeitet so, dass sich ihr dipolförmiges E-Feld möglichst am Nulldurchgangspunkt des zeitlich veränderlichen E-Feldes der ankommenden Welle befindet. So kann sie die ankommenden Wellen am besten verzerren, um sie in die Antenne zu saugen.

Wenn sich das E-Feld der Antenne in dieser Position befindet, ist die »vordere« Stirnfläche des elektrischen Dipolfelds so orientiert, um das Feld der Welle zu verstärken, während die »hintere« Flanke des Antennenfelds es schwächt. Dies biegt die elektromagnetischen Wellen nach innen. Wenn sich die elektromagnetische Welle vorbeibewegt, erfolgt der zyklische Durchgang des Antennenfelds durch seinen Maximalwert später, und wenn das E-Feld der elektromagnetischen Welle sein Maximum erreicht, ist das Dipolfeld der Antenne null. Das E-Feld der Antenne bleibt hinter dem E-Feld der ankommenden elektromagnetischen Welle um 90 Grad zurück.

Andererseits arbeitet das zylindersymmetrische Magnetfeld der Antenne am besten, wenn es sich am stärksten Teil der ankommenden Welle befindet. Das B-Feld der Antenne ist mit dem B-Feld der ankommenden Welle phasengleich. Der »vordere« Teil des zylindersymmetrischen B-Felds der Antenne kann das ankommende B-Feld verstärken, während der »hintere« Teil des Antennenfelds es schwächen kann, was die Energieflussvektoren abermals nach innen biegt.

Wenn sie 90 Grad phasenverschoben sind, besitzen die durch die Antenne erzeugten Felder die ideale zeitliche Abstimmung, um die ankommende elektromagnetische Energie zu absorbieren. Es kann angenommen werden, dass dies bedeutet, dass sie abwechselnd ihre Energie zuerst aus dem E-Feld der ankommenden Welle und dann aus ihrem B-Feld ziehen. Falls eine Antenne wie ein Wasserrad ist, dann besitzt dieses »Wasserrad« eine Menge abwechselnder Eimer, einen für »E«. den nächsten für »M« usw. Phasengesteuerte Felder, die absorbieren – und außerdem emittieren?

Wenn eine einfache Spule mit einem Wechselstrom mit niedriger Frequenz angesteuert wird, wächst und schwindet das Magnetfeld um die Spule zweimal pro Zyklus. Wenn die Flusslinien der Spule zu sehen wären, würde es aussehen, als ob sie sich in den Raum aufblähen, wenn der Strom zum Maximum ansteigt, während sie, wenn der Strom zurück auf null fällt, scheinbar zurück in die Spule gesaugt werden und ihre Energie an sie zurückgeben. Weil die Frequenz niedrig und die Spule klein ist, emittiert die Spule fast keine elektromagnetische Strahlung. Die gesamte Energie des B-Felds, die sich in den Raum um die Spule ausbreitet, wird wiedergewonnen, wenn die Felder abermals kollabieren. Die Spule ist kein Funksender.

Wenn der Effekt der Energieabsorption real ist, dann ist dieses expandierende/kontrahierende Feld ein Schlüsselkonzept. Die Felder oszillieren, es gibt aber keine Strahlung. Das Feld um die Spule schwingt, es kann aber nicht entkommen. Es ist das Wechselstrom-Analogon der Felder eines Stabmagneten. Nun kommt eine sich frei ausbreitende elektromagnetische Welle an. Wenn die Welle die gleiche Frequenz wie der Wechselstrom in der Spule besitzt und die Phase richtig ist, dann absorbiert die Spule Energie aus der elektromagnetischen Welle, wobei dies einen elektromagnetischen

Schatten hinter ihr lässt, wenn die Welle weiter vorbeigeht. Die durch die Spule erzeugten Felder haben eine asymmetrische Wirkung auf die Felder der elektromagnetischen Wellen erzeugt. Die eingefangenen und schwingenden Felder haben die ankommenden Funkwellen absorbiert! Dies ist nicht nur eine einfache Überlagerung. Stattdessen schraubt die Spule das B-Feld der elektromagnetischen Wellen fest, was ihre Fähigkeit zur Ausbreitung zerstört, wobei sie deshalb durch die Spule absorbiert werden.

Es ist faszinierend, dass die Felder der Spule die elektromagnetische Welle stören können, wenn auch die Spule selbst nicht strahlen kann. Das ist nicht sehr intuitiv, überhaupt nicht wie eine normale Überlagerung. Die Felder in der Nahfeldzone der Spule verhalten sich fast wie ein physikalisches Objekt, wie eine »schwarze Absorberwolke«, die elektromagnetische Wellen blockiert. Es ist, als ob mit einem Laserstrahl auf einen anderen Laserstrahl gezielt und dabei festgestellt wird, dass der erste Strahl den zweiten verschlingt, anstatt dass sie durch einander hindurch gehen. Dies funktioniert jedoch nur im Nahfeldbereich.

Sofort stellt sich die Frage, was bei anderen Phasen außer -90 Grad geschieht? Werden die überlagerten Felder mit einer Phasenverzögerung von 0 Grad und außerdem von 180 Grad grafisch dargestellt, wird festgestellt, dass bei beiden Phasenwerten das Spulenfeld nicht mit der ankommenden elektromagnetischen Welle in Wechselwirkung tritt. Stattdessen expandiert und kontrahiert das Spulenfeld wie üblich, während die elektromagnetischen Wellen ganz vorbeigehen. Was geschieht bei +90 Grad? Jetzt scheint es, dass die Spule das Gegenteil der Absorption tut. Sie emittiert Energie in die elektromagnetische Welle und verstärkt sie. Sie erzeugt einen »hellen Schatten«.

Ohne die ankommende Welle war die Spule nur ein Induktor ohne Strahlung. Wenn die ankommende Welle vorhanden ist, kann die Spule plötzlich senden! Falls die Spule ein einzelnes Atom war, wäre dies ein Beispiel für ausgelöste Fluoreszenz. Es ist die stimulierte Emission, die Funkverstärkung durch stimulierte Emission der Strahlung, ein Niederfrequenz-Laser, aber offensichtlich ohne jede Quantenmechanik. Andererseits steht in der Quantenmechanik immer der Welle/Teilchen-Dualismus an erster Stelle, deshalb sollte es keine Überraschung sein, dass Laser ganz elektromagnetisch beschrieben werden können.

Ist dies nicht sehr verrückt? Ohne die ankommenden elektromagnetischen Wellen schwingt die Spule nur, aber sie emittiert nichts. Wenn aber die elektromagnetische Welle mit einer Phase von +90 Grad ankommt, kann die Spule plötzlich Energie abgeben und echte elektromagnetische Strahlung emittieren. Sehr verrückt. Das entspricht überhaupt nicht dem Schulwissen über Radiophysik. Die Verrücktheit lauert im Nahfeld.

Es stellt sich die Frage, ob in einem echten Laser die gepumpten Atome konstant mit ihrer Resonanzfrequenz schwingen. Besitzen sie statt einer statischen aufgepumpten Elektronenschale normalerweise eine eingefangene, nicht strahlende Oszillation des elektromagnetischen Felds? Falls das so ist, dann tritt vielleicht die Laserwirkung nur ein, wenn die Phase des anregenden Strahls die richtige Einstellung besitzt. Die Lichtphase könnte normalerweise falsch sein, um die Emission auszulösen. Wenn es jedoch eine leichte Phasendrift zwischen dem schwingenden Atom und dem anregenden Strahl gibt, dann wird die Phase schließlich richtig abgeglichen, wobei das Atom plötzlich »lasern« wird. Vielleicht emittiert es einen ganzen langen Übergangsvorgang anstatt eines einzelnen »Photons«. Wenn ein Bündel gepumpter RLC-Resonatoren mit einer elektromagnetischen Welle beleuchtet wird, werden sie einen großen Impuls emittieren? Kann ein Funksender auf der »Q-Umschaltung« basieren? Was wäre bei noch kleineren Abmessungen? Atomkerne geben elektromagnetische Wellen ab, wenn sie verschmelzen. Wenn radioaktive Kerne mit der Frequenz beleuchtet werden, werden dann Zerfälle veranlasst und die Halbwertszeit radioaktiver Materialien beeinflusst? Würde dies sogar mit nicht radioaktiven Materialien funktionieren?

3.4 Impulsverzehrende Spulen

Wenn in einem Gedankenexperiment eine Spule mit einem Kondensator verbunden wird und diese dann mit elektromagnetischen Wellen mit der Resonanzfrequenz bestrahlt werden, sollte das Phänomen der Energieabsorption auftreten, der Wechselstrom in der Spule kann jedoch nur einen bestimmten Pegel erreichen. Er ist durch den Spulenwiderstand oder den Strahlungsverlust, wenn die Felder äußerst intensiv werden, begrenzt. Die Resonanzschaltung sollte eine spezielle Menge der elektromagnetischen Energie verschlucken und dann das Absorbieren einstellen. Was geschieht, wenn die ankommenden elektromagnetischen Wellen plötzlich enden? Wenn die Resonanzschaltung nur Energie absorbieren kann, wenn sie mit elektromagnetischen Wellen wechselwirkt, dann gilt vielleicht das Gleiche für die Emission. Vielleicht kann die Spule nur Energie emittieren, wenn externe elektromagnetische Wellen vorhanden sind. Wenn die elektromagnetischen Wellen ausgeschaltet werden, sollte die Resonanzschaltung nicht strahlen, wobei sie weiterhin schwingen sollte, denn die Spule könnte zum Beispiel ein Supraleiter sein. Es kann erreicht werden, dass die Spule »gefüllt« wird, indem sie mit einem Impuls elektromagnetischer Energie getroffen wird. Wenn die Wellen enden, bleibt die Energie in der Spule gefangen.

Die Zerfallszeit der Spulen sollte nicht mit der Anstiegszeit übereinstimmen, weil das »Ansteigen« das Vorhandensein sowohl einer ankommenden elektromagnetischen Welle als auch des oszillierenden Nahfeldmagnetismus der Spule erfordert. Wird die elektromagnetische Welle entfernt, strahlt die Spule nicht, deshalb zerfällt ihre Oszillation nicht. Was geschieht, wenn auf die Spule ein anderer Impuls elektromagnetischer Wellen auftrifft: einer, dessen Phase +90 Grad beträgt? Dies bewirkt, dass die Spule »fluoresziert« und ihre Inhalte als eine elektromagnetische Welle abgibt. Vermutlich.

Es ist vorstellbar, dass zuerst elektromagnetische Wellen zu einem entfernten Resonator emittiert werden, wobei dann die Phase der emittierten Wellen um 180 Grad sprunghaft geändert wird. Zuerst absorbiert der Resonator Energie, wobei er sie dann abermals abgibt.

Dies ist eine Signalumschaltung ohne Schalter! Wenn eine Resonanzschaltung »leer« ist, absorbiert sie Energie und nimmt die Phase des Wellenzugs an, der sie trifft. Falls spätere Impulse elektromagnetischer Wellen eine Phase von 0 oder 180 Grad besitzen, ignoriert sie der »volle« Resonator. Wenn jedoch eine »volle« Spule durch eine Welle mit +90 Grad getroffen wird, wird die Spule »lasern«. Vielleicht, dies ist nur ein Gedankenexperiment. Es wird angenommen, dass es eine große Anordnung aus RLC-Resonatoren gibt und dass diese mit kleinen Oszillatorschaltungen voll Energie gepumpt werden. Es wird außerdem angenommen, dass alle Spulen einige Wellenlängen voneinander entfernt sind, so dass sie nicht in Wechselwirkung treten. Wenn ein Impuls aus elektromagnetischen Wellen diese Spulenanordnung trifft, geben sie alle ihre Energie in die Welle ab, wobei auf der anderen Seite ein viel stärkerer Impuls austreten wird. Dies ist so etwas wie eine phasengesteuerte Gruppenantenne. Die einzelnen Spulen tun jedoch nichts, bis eine von außen angelegte elektromagnetische Welle vorbeigeht. Dies ähnelt mehr einem Laserverstärker als einer herkömmlichen phasengesteuerten Gruppenantenne.

3.5 Das Absorbieren realer Energie

In einem weiteren Gedankenexperiment wird angenommen, dass eine supraleitende Spule als kleine Antenne verwendet wird. Wenn der Widerstand beseitigt ist, kann der Strom in der Spule so stark ansteigen, dass das Feld wirklich riesig anwachsen kann, wobei die Antenne Energie aus einem einer viertel Wellenlänge entsprechenden Umkreis um sich absorbieren kann. Der Energieabsorptionsprozess bewirkt, dass die winzige Spule sehr groß wirkt. Wie viel Leistung kann von einem entfernten Sender aufgenommen werden?

Wenn der Sender 10 kW bei 500 kHz abgibt, sieht das so aus:

10 kW bei 500 kHz,

Wellenlänge = 600 m,

Fläche der virtuellen »Energie absorbierenden« Antenne = 30.000 m^2

Entfernung zum Sender	empfangene Leistung
1 km	25 W
10 km	250 mW
100 km	2,5 mW

3.5 Das Absorbieren realer Energie

Das ist nicht so viel für Motoren, aber es könnten Kopfhörer angesteuert werden. Ähnlich wie Kristallempfänger! Was geschieht, wenn die Frequenz auf ein Zehntel, auf 50 kHz verringert wird? Die effektive Fläche der Antenne wächst mit dem Quadrat des Nahfeldradius, deshalb wächst die empfangene Leistung mit einem Faktor 100. Es können die gleichen Ergebnisse wie mit 500 kHz erhalten werden, aber die Empfänger können zehnmal weiter entfernt sein.

10 kW bei 50 kHz

Wellenlänge = 6 km

Fläche der virtuellen »Energie absorbierenden« Antenne = 3.000.000 m^2

Entfernung zum Sender	empfangene Leistung
10 km	25 W
100 km	250 mW
1000 km	2,5 mW

In 100 km Entfernung vom Sender kann ein viertel Watt aufgenommen werden. Ganz beeindruckend, falls die Antenne eine kleine Spule innerhalb eines Tischradios ist.

Im Folgenden wird etwas viel Sachlicheres betrachtet. Wie wäre es mit dem Aufbau eines kleinen Tischplatten-Modells? Der Sender ist ein Zeilentransformator, der bei 30 kHz mit 30 kV arbeitet. Der Empfänger ist eine völlig gleiche Vorrichtung. An beiden Transformatoren wird eine vertikale Antenne angebracht. Wie viel Energie kann der Empfänger vom Sender extrahieren? Wenn die Antenne des Senders 10 pF zur Erde aufweist, dann trägt sie, wenn sie geladen ist, die Energie 1/2 CU^2, also 4,5 mJ. Der Sender lädt und entlädt 30.000 mal pro Sekunde elektromagnetische Energie von 270 W in diese Antenne. Wenn der Empfänger jeden 4,5-mJ-Impuls aus den Feldern »saugen« könnte, könnte er höchstens 270 W extrahieren, falls der Zeilentransformator den Strom handhaben kann. Eine bessere Schätzung ergibt sich aus dem Verbinden der zwei Antennen mit einem Kondensator. Es wird angenommen, dass die Kapazität zwischen den Antennen 1 pF beträgt. Wenn der Lastwiderstand des Empfängers dazu führt, dass die Resonanzspannung am Empfänger auf einen Wert ansteigt, der 1,414mal kleiner als die Senderspannung ist, dann liegt ein einfacher Spannungsteiler vor, 30 kV an der Senderantenne, 21 kV am Empfänger. Der Empfänger sammelt 1,7 mA Hochfrequenzstrom. Bei so hohen Spannungen werden die 1 pF zwischen den Antennen ein signifikanter Leiter. Der Empfänger kann 35 W ziehen. Wenn es keine Last am Empfänger gibt, würde die Spannung sogar ansteigen, bis sie in der Nähe von 30 kV liegt. Um 35 W aus dem »Himmel« zu ziehen, wird eine Sekundärwicklung auf den Kern des empfangenden Zeilentransformators gewickelt und eine Glühlampe angeschlossen. Falls Tesla einen Megawatt-Sender bei 5 kHz verwendet hat, konnte er wahrscheinlich einige

Glühlampen aus 100 km Entfernung zum Leuchten bringen. Dies ermöglicht im Idealfall, dass 2500 W empfangen werden. Angenommen, es wird bei 100 Hz gesendet. Die Wellenlänge beträgt 3000 km, wobei sich der Empfänger wahrscheinlich im Nahfeldbereich des Senders befindet, deshalb kann er einen signifikanten Teil der 10 kW erfassen. Glaubte Tesla nicht, dass niedrigere Funkfrequenzen besser als hohe Funkfrequenzen wären? Für die Resonanzleistungsübertragung sind sie es, weil die Nahfeldzone einer resonanten Empfangsantenne bei einer niedrigen Frequenz größer ist, gleichwohl bei nicht weniger Leistung vom Sender und nicht weniger an der Antenne vorbeifließender Leistung. Eine kleine Niederfrequenz-Resonatorspule ist »größer«, deshalb fängt sie mehr Strahlung auf.

Nichts davon berücksichtigt jedoch den Schumann-Resonator. Wenn die VLF-Funkwellen nicht aus der Atmosphäre entkommen können, dann gilt das inverse quadratische Gesetz nicht länger, wonach die elektromagnetischen Wellen in der Nähe des Empfängers viel stärker sind. Wenn die VLF-Wellen innerhalb des atmosphärischen Resonators gefangen bleiben, dann könnte eine ideale Energie absorbierende Antenne die gesamte Energie vom Sender einziehen.

Für Funkempfänger mit rauscharmen Verstärkern wird das ganze Problem unwichtig. Wenn die Antenne zu klein ist, kann das Signal einfach verstärkt werden. Wenn aber Motoren mit drahtloser Leistung betrieben werden sollen, ist Funk mit 1 kHz viel besser als mit 1 MHz.

Was ist mit einer wirklich leistungsfähigen supraleitenden Spule bei 60 Hz möglich? Die Wellenlänge beträgt 5000 m, wobei die effektive Fläche der Antenne $12m^2$ beträgt. Vielleicht könnte diese Spule Energie vom ganzen 60-Hz-Fernleitungsnetz »saugen«. Die Vorrichtung würde wie ein Perpetuum Mobile wirken, wobei der Schlüssel für ihren Betrieb in dem starken schwingenden Magnetfeld zu finden ist, das sie umgibt. Dies klingt nach den berühmten »Vorrichtungen für freie Energie«: die Hubbard-Spule und die Hendershot-Vorrichtung. Welche anderen Vorrichtungen für »freie Energie« umfassen riesige Spulen? Die Energiemaschine von Joe Newman ist eigentlich ein »Tesla-Leistungsempfänger«, wobei sie zufällig das Fernleitungsnetz der USA anzapft. Er sollte versuchen, sie mit 3600 U/min zu betreiben.

4 Über die Möglichkeit, dass bei elektromagnetischer Strahlung keinerlei Quanten existieren

Der Autor stolperte vor einigen Jahren über einige physikalische Artikel, die sehr seltsame Informationen enthielten, jedoch in vollkommenem Einklang mit dem klassischen Elektromagnetismus und der semi-klassischen Quantenmechanik stehen.

Kurz gesagt wird in diesen Artikeln beschrieben, dass ein Atom sehr viel kleiner sei als die Wellenlänge des Lichts, dieses Atom aber imstande sei, erhebliche Lichtenergie zu empfangen, so als würde sich das kleine 0,1 nm Atom verhalten wie eine lange Drahtantenne. Dies scheint ein Widerspruch in der Physik zu sein. An diesem Problem rätselte ich immer wieder, seit ich 1985 in einem Streitgespräch mit Physikerkollegen an der Universität auf diesen Umstand aufmerksam wurde.

Wenn sich ein Atom wie ein elektromagnetischer Resonator verhält, ähnlich einer Spule mit Kondensator, und wenn die Resonanzfrequenz des Atoms die gleiche ist wie die Frequenz des einfallenden Lichts, dann wird das Atom einen kleinen Teil der einfallenden Lichtquelle absorbieren und diese Energie in einem Bereich von oszillierenden lokalen EM-Feldern rund und das Atom speichern. Bemerkenswerterweise zeigen diese Felder eine starke Wechselwirkung mit dem einfallenden Licht, weil sie natürlicherweise phasengekoppelt sind.

Diese »eingefangenen Wechselfelder« um das Atom verhalten sich so, als würden sie ein Teil des Lichts um das Atom auslöschen. Ist das möglich? Energie kann nicht verloren gehen! Wenn also EM-Energie verschwindet, muss sie anderswo wieder auftauchen. Korrekt. Es handelt sich einfach um Absorption. Es ist der gleiche Mechanismus wie bei einer elektrischen Schaltung, ein lokal begrenztes »Transformator-Phänomen«, in dem ein Teil der Energie aus der Lichtquelle verschwindet und in der Struktur des Atoms wieder auftaucht.

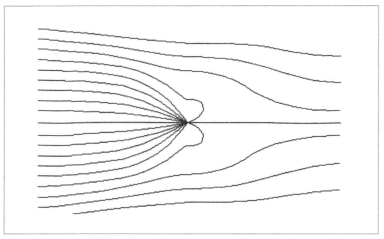

Abb. 4.1: Energiefluss um eine kleine Antenne (Poynting-Vektor-Feld)

Die Autoren der beiden erwähnten Artikel beschreiben das Phänomen mit einem weiteren anschaulichen Bild. Wenn wir die EM-Felder der ankommenden Lichtwellen mit dem oszillierenden EM-Dipolfeld um das Atom überlagern, das entstehende Feld betrachten und daraus das resultierende Poynting-Vektor-Feld berechnen, kann man beobachten, wie das oszillierende Feld um das Atom die Energieflusslinien quasi zu dem Atom »hinbiegt«. Das ist in Abb. 4.1 dargestellt. Die Energie wird auf das Atom hingelenkt, sodass sie auf dem Atom quasi »einschlägt«. Das Atom sammelt also ein großes Bündel von ankommenden elektromagnetischen Wellen, wobei der Durchmesser dieses Wellenbündels mehrere Hundertmal größer ist als der Durchmesser des Atoms.

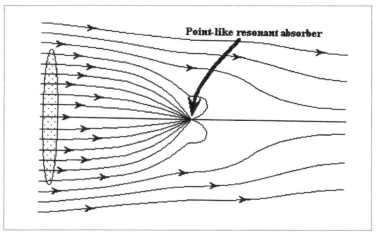

Abb. 4.2:

Auf diese Weise verhält sich ein Atom wie ein »elektromagnetischer« Trichter. Es saugt aktiv EM-Energie aus seiner Umgebung. Dies kann nicht ohne Beteiligung von Resonanz geschehen, dem lokal gespeicherten EM-Feld im Atom und dem resultierenden Dipol-Feld um das Atom.

Seltsam, nicht wahr? Haben Sie so etwas schon einmal gehört?

Dieses Phänomen ist Antennendesignern gut bekannt. In der Tat ist es eine Grundvoraussetzung für den Betrieb aller kleinen AM-Radios. Die Wellenlänge des AM-Funksignals ist immens größer als die eines AM-Taschen-Radios. Wegen der Kleinheit dieser Geräte kann keine signifikante Energie empfangen werden. Die Wellenlänge der empfangenen Funkwellen beträgt beispielsweise 150 Meter und damit wäre üblicherweise eine 1/4 Lambda-Dipol-Antenne (75 Meter) notwendig. AM-Radios arbeiten mit oszillierenden Feldern um eine Spule/Kondensator-Anordnung mit scharfer Resonanz (Ferritantenne). Die Anordnung ist ein elektromagnetischer Trichter nach dem gleichen Prinzip wie bei den Atomen. Das Prinzip der abgestimmten Spule/Kondensator-Antenne wurde mindestens seit der Zeit von Nikola Tesla verstanden. Er benutzte dieses Prinzip für sein weltweites »Power-Übertragungssystem«.

Von diesem Prinzip habe ich in den Physikvorlesungen nie gehört. So viel ich weiß, ist dies nicht Teil der Quanten-Mechanik. Es offenbart jedoch Details der Atom/Photonen-Reaktion, ebenso liefert es Erklärungen für die stimulierte Emission von Licht bei Lasern! Die oszillierenden Felder um das Atom verlassen dieses nicht, sie verbleiben innerhalb des elektrischen Nahfeld-Bereichs von ca. 1/3 Wellenlänge. Somit beeinflussen sie vorbei fliegende Photonen nicht und haben auch keine Wirkung auf EM-Felder zwischen den Atomen. Die oszillierenden Felder können als Wolke von »virtuellen Photonen« angesehen werden, die just in dem Augenblick entstehen, bevor das Atom ein »echtes Photon« absorbiert ... oder sie können als klassisches elektromagnetisches Feld der klassischen Physik gesehen werden und wir können uns vorstellen, das Atom bestände vereinfacht aus einer Spule und einem Kondensator.

Beachten Sie, dass dieses gebundene oszillierende Feld existieren muss, bevor ein Atom ein Photon einfangen kann. Das finde ich sehr erstaunlich. In der Quantenmechanik gibt es die Vorstellung, dass EM-Strahlung entweder Welle oder Teilchen ist. In diesem Fall jedoch scheint die EM-Strahlung nur eine Welle zu sein. Das oszillierende resonante Feld muss eine bestimmte Mindestgröße haben und irgendwie bereits vorhanden sein, <u>bevor</u> irgendeine Photonen-Absorbtion stattfinden kann.

Schließlich und endlich haben wir jetzt folgendes Problem: Wenn ein Atom erst ein oszillierendes Feld aufbauen muss, um ein Photon zu empfangen, kann es das erste Photon doch nicht empfangen? Es ist wie die Frage mit dem Huhn und dem Ei, was war zuerst da? Als Ausweg scheint, als würde das Atom zuerst über den Mechanismus des klassischen EM-Felds Energie aufnehmen und erst danach bereit sein, ein ganzes Photon einzufangen. Oder auf andere Art gesagt: Das Atom erfährt zuerst eine Interaktion mit »virtuellen Photonen«, ähnlich wie in durchsichtigen Gegenständen, und empfängt erst später ein Photon und erfährt eine Elektronenbahn-Statusänderung.

Noch ist das Problem nicht gelöst, irgendwie muss die Sache ja starten, denn wenn das Atom zunächst mit EM-Wellen beschickt wird, gibt es anfänglich keine oszillierenden EM-Felder und damit auch keinen Energie-Trichter-Trick, und es kann so gut wie keine Energie aus diesen EM-Wellen empfangen. Das Atom wird quasi transparent für die Frequenz der Strahlung. Doch wenn es in dem Feld des Atoms nur ein kleines bisschen Rauschen gibt, so existiert damit auch ein oszillierendes winziges Anfangs-EM-Feld, das auch eine winzige Menge Energie aufnehmen kann. Dadurch vergrößert sich der Empfangstrichter, und es wird wieder mehr Energie aufgenommen. Schließlich schaukelt sich das Ganze hoch wie bei einer Kettenreaktion in einer Atombombe, und letztlich endet die Sache in einem ... »Bäng«.

Einen vergleichbaren Vorgang kann man sich wie folgt denken: Legen wir ein Stück Karton flach auf die Straße. Nun kommt ein Wind auf. Zuerst wird der Karton regungslos flach liegen. Dann gerät ein bisschen Wind unter eine Ecke und hebt diese leicht an. Sobald die Ecke hochgehoben wird, ist die Angriffsfläche für den Wind größer, der Karton wird noch weiter hoch geworfen, und die Angriffsfläche wird noch größer usw. usw. Am Schluss wird der Karton schlagartig hochspringen.

Nehmen Sie nun an, dass ein »totes« Atom plötzlich mit EM-Wellen bestrahlt wird. Es sitzt da und wartet auf den Start. Zuerst fängt es eine kleine Menge Energie aus der EM-Welle auf, baut damit ein oszillierendes Feld und empfängt so noch mehr Energie aus der EM-Welle, bis das oszillierende Feld zu maximaler Größe aufgebaut ist, so als wäre es gerade von einem physikalischen Objekt getroffen worden.

Vielleicht enden diese Wellenfunktionen nicht in Partikel-Vorgängen?

Vielleicht existieren Photonen gar nicht?

»All die 50 Jahre bewussten Grübelns haben mich der Antwort auf die Frage nicht näher gebracht: Was sind Lichtquanten? Heutzutage denkt jeder, er weiß es, aber es ist falsch.« A. Einstein 1951

Ein weiteres Problem: Wie bekannt, ist der Atomdurchmesser sehr viel kleiner als die Wellenlänge des Lichts. Um ein effektiver elektromagnetischer Trichter zu werden, muss das winzige Atom ein extrem starkes Feld an seiner Oberfläche erzeugen. Wir erwarten, dass das Feld in 1/6 Wellenlängen Abstand eine signifikante Stärke hat. Das entspricht mehreren Hundert Atomdurchmessern. Da sich elektromagnetische Felder mit der 3. Potenz des Durchmessers ändern, müsste das Feld direkt am Atom ca. eine Million mal stärker sein. Wir können eine Analogie zu dem AM-Funkgerät machen und stellen fest, dass der winzige gedachte Kondensator im Atom eine gigantische Wechselspannung haben muss und die winzige gedachte Spule im Atom einen immensen Wechselstrom verarbeiten muss, um ein wirksames Feld innerhalb des Nahbereichs der Wechselfrequenz zu erzeugen.

Sie könnten auch so denken: In der Theorie kann ein tragbares kleines AM-Radio tausendmal kleiner sein als die empfangene Wellenlänge, wenn der Wechselstrom in der abgestimmten Antenne entsprechend groß ist, um ein großes Feld als Empfangs-

Trichter zu erzeugen. Durch die Reduzierung der Antennenspule bei gleichzeitiger Erhöhung der oszillierenden Ströme und Spannungen erzeugen wir die gleiche »elektromagnetische Trichtergröße«. In der Theorie könnte das AM-Radio auf die Größe eines Atoms reduziert werden und könnte immer noch 100-Meter Wellen empfangen. Wir müssen dann die Ströme und Spannungen in der Antennenspule entsprechend vergrößern. Das Ding muss einfach bei reduzierter Größe die gleiche Feldstärke erzeugen, dann ändert sich am Empfangsprinzip und der Wirkung gar nichts. Wenn man sich das vorstellt! Ein atomgroßes Radio das ein Antennen-Frequenzfeld erzeugt, das stark genug ist, um Radiosignale aus einer Umgebung von 100 Metern aufzufangen, und in der Lage ist, diese Energie in der Schaltung zu konzentrieren.

Offensichtlich müsste dazu die »Antennenspule« im mikroskopischen AM-Radio und damit innerhalb des Atoms einen sehr geringen Widerstand haben, und der Kondensator müsste ein extrem hohe Durchbruchspannung aufweisen. Es stellt sich die Frage: Wie hoch ist der Q-Faktor in einem Atom? Ist die »Spule im Inneren« des Atoms ein perfekter Leiter? Ist der Q-Faktor unendlich? Ist der Q-Faktor linear zum Strom? Ich frage, werden seltsame Dinge passieren, wenn der »interne Strom« im Atom auf einen extrem hohen Wert steigt? Irgendwann muss ja Schluss sein.

Jetzt wird es aber spannend. Bisher hatte ich an so etwas überhaupt noch nicht gedacht! Mein Unterbewusstsein lenkt seine Infos direkt in meine Finger, während ich schreibe. Es fühlt sich sehr seltsam an.

Nehmen wir an, ein einzelnes Atom absorbiert EM-Feldenergie aus einer Lichtwelle (noch nicht aus einem Photon). Strom und Spannungen innerhalb des Atoms werden immer größer, und die Resonanz-EM-Felder um das Atom werden sehr intensiv, bis der maximale Durchmesser erreicht ist und bis ... etwas bricht. In der klassischen Physik würde man sagen, dass ein Elektron im Atom gezwungen wird, auf ein höheres Energieniveau zu springen. In einem AM-Radio würden wir sagen, dass der zunehmende Strom im Schwingkreis einen Draht zum Schmelzen brächte.

In beiden Fällen wird die Energie in den oszillierenden Feldern plötzlich in ein anderes Energiespeichersystem abgeladen, und die Resonanz der Anordnung ist ruiniert. Es ist fast wie das Entladen eines Kondensators, mit der Ausnahme, dass die Entladung mit einer Kapazitätsänderung endet. Oder vielleicht ist es so, als wenn man einen Resonanzkreis in dem Augenblick unterbricht, in dem der Strom zu Null wird und alle Energie im Kondensator gespeichert ist. Man könnte auch die Spule in dem Augenblick kurzschließen, in dem der Kondensator entladen ist.

Nach der Absorption eines Quantums von Energie frieren die AC-Felder rundum das Atom ein und hören auf zu schwingen. Die Energie ist in das Elektron geflossen, das auf ein höheres Energieorbital gehoben wurde. Dieses neue Orbital hat eine andere Resonanzfrequenz. Beachten Sie, dass die Felder sich alle innerhalb des Nahfelds der Wechselfrequenz befinden. Die plötzliche Veränderung im Nulldurchgang wird nicht als EM-Impuls nach außen abgestrahlt.

In der Analogie des AM-Radios ist die gespeicherte Energie in die Erhitzung des Drahts geflossen. In der Analogie des Atoms ist die Energie in ein Elektron geflossen, das auf ein höheres Energieniveau gehoben wurde. Die Schaltung erlitt einen nichtlinearen Vorgang. Sie wurde »beschädigt«. Es sind vielleicht andere Resonanzfrequenzen übrig geblieben oder neu entstanden, aber es sind Frequenzen unterschiedlich zu jenen, von denen soeben Energie empfangen wurde.

Zusatz 1

Vielleicht muss im Atom kein »Bruch« stattfinden. Vielleicht gibt es andere Mechanismen? Denkbar wäre: Die Felder hören auf zu wachsen, sobald sie die maximale Größe des Nahfelds erreicht haben. Ab diesem Zeitpunkt beginnt das Atom die Energie wieder auszustrahlen, die es empfängt. Wenn das »nicht oszillierende« Atom erwacht und die Felder bis zum Maximum ansteigen, absorbiert es ein Quantum Energie, gerade so viel, wie es zum Aufbau des »Trichter-Felds« benötigt. Von nun an verhält es sich so, als wäre es bei dieser Frequenz der einströmenden EM-Wellen transparent. Es »frisst« anfangs ein Quantum Energie. (Ist dieses Quantum von der Frequenz abhängig? Man könnte hoffen, ...)

Zusatz 2

Nein, das Vorstehende funktioniert nicht. Das atomare maximale »Quantum« wäre von der Amplitude des Lichts abhängig. Es wäre kein konstantes Photon. Ein helles Licht würde Atome veranlassen, ein größeres Photon zu schlucken statt mehrere Photonen. Zudem könnte Planck's Konstante daraus nicht berechnet werden.

Ein Leser weist darauf hin, dass Schaltungen mit unendlich hohem Q-Faktor unendlich lange Zeit brauchen, um Energie zu absorbieren. Wenn ein Atom eine einzige Frequenz hat, kann es überhaupt keine Wellenenergie empfangen. In der Wirklichkeit tut es das aber. Aber vielleicht können 3-D-Syteme mit unendlichem Q die dreidimensionalen EM-Wellen empfangen, obwohl die 1-D-Systeme mit unendlichem Q dies anscheinend nicht können.

Zusatz 3

Wenn die Resonatoren innerhalb von Atomen unendliche Q-Faktoren haben, dann würden sie nur bei einer perfekt abgestimmten Frequenz reagieren. Was wäre aber, wenn Atome nicht auf Licht reagieren können, weil Licht nicht perfekt monochromatisch ist? Oder was ist, wenn sie nur auf die monochromatischen Emissionen weit entfernter einzelner Atome ansprechen? In anderen Worten: Ein »Empfänger-Atom« würde nur auf die Emissionen eines passenden »Sender-Atoms« reagieren, wenn es dazwischen keinen Doppler-Effekt gäbe und die Atome relativ zueinander keine Bewegung hätten. Wahrscheinlich wäre ihre relative Bewegung zueinander nur für einen kurzen Augenblick Null und nur dann könnte der Resonanzprozess bei passender Phase stattfinden. Dann, wenn Atome immer Wellen mit einer bestimmten Amplitude aussenden, wäre das eine Erklärung für die Photonen. Atome würden nur die Emissionen von bestimmten entfernten Atomen »sehen«, niemals aber ein Breitband-Spektrum der Emissionen von multi-atomaren Objekten. Die Spektrallinie eines glühenden Gases ist letztlich eine Ansammlung von unendlich vielen dünnen Spektrallinien, wobei jede einzelne Linie von einem bestimmten atomaren Absorber/Sender stammt. Die Atome könnten die Absorber- und Emissions-Bänder nicht sehen, nur die unendlich dünnen Linien!

Was bedeutet die Planck'sche Konstante in Bezug auf die EM-Wellen? Es bedeutet, dass Hochfrequenz-Wellen weniger »Energie-Saug-Ereignisse« auslösen, aber jedes Ereignis mehr Energie liefern würde. Ich sehe nicht, dass das in Bezug auf die Geometrie sinnvoll ist. Wenn wir davon ausgehen, dass die Wellen einer bestimmten Intensität ein Atom anregen, dann wäre die empfangene Energie proportional zu den atomaren Strömen und Spannungen, sollte aber unabhängig von der Frequenz sein, nicht? Wenn der Atomradius sehr viel kleiner ist als die Wellenlänge, dann würde ein bestimmter resonanter AC-Strom innerhalb des Atoms einen bestimmten Energiefluss erzeugen, aber ich sehe nicht, wie niedrigere Frequenzen und längere Wellenlängen zu einem niedrigeren Energiefluss führen sollen.

Anderes Thema:

Wie schnell ändert sich die gespeicherte Energie innerhalb eines RLC-Schwingkreises? Angenommen ein RLC-Schwingkreis wurde von einer ankommenden Welle angeregt und der Kreis hat die maximale mögliche Energie aufgenommen. Wenn sich nun die Amplitude des ankommenden Signals plötzlich verdoppelt, wird sich dann die Amplitude der gespeicherten Spannung im RLC-Schwingkreis über mehrere Perioden ändern? Oder wird sie sich in weniger als einer Periode verdoppeln? Und wenn die ankommende Amplitude plötzlich auf die Hälfte fiele, würde dann eine »stimulierte Emission« erfolgen und der RLC-Schwingkreis Energie aussenden? Denken Sie an eine elektromagnetische Horn-Sende-Antenne im Gegensatz zu einem »elektromagnetischen Trichter«. Wie schnell wird die Spannung am RLC-Schwingkreis fallen? Eine ähnliche Frage: Wenn wir einen RF-Transformator mit abgestimmter Primär- und Sekundär-Spule und nahezu 100% Kopplung haben, wie schnell können wir dann das Eingangssignal modulieren, damit das Ausgangssignal immer noch folgt?

Da die beiden Hälften der Schaltung phasensynchron sind, verhalten sie sich wie ein Atom-Paar. Ich frage mich, ob sie »verschränkt« und nicht nur analog verbunden sein könnten? Falls sie »verschränkt« sind, sollten photonenartige Übergänge auftreten. Wenn die Amplitude des Eingangssignals plötzlich geändert wird (durch Umlegen eines Schalters), ändert sich dann die Amplitude des Ausgangssignals ebenso schnell? Wenn ja, dann können wir, wenn beide Schaltungshälften in Resonanz sind, die Primärseite mit einer Frequenz modulieren, die sehr viel höher ist als die Trägerfrequenz, und die Sekundärseite wird folgen! Stellen Sie sich vor, wir übertragen eine 1 MHz Schwingung über eine 60-Hz-Trägerfrequenz, und dennoch wird die Sekundärseite folgen und die 1 MHz-Schwingung abgeben. Nein, das ist zu komisch! Wenn das funktionieren würde, dann hätte das bestimmt schon jemand entdeckt. (Aber die organisierte Blindheit an den

Schulen, hat vielleicht bisher jeden davon abgehalten, jemals solch eine Unmöglichkeit zu probieren: ein Breitband-Signal auf einen niederfrequenten Träger zu modulieren).

Was, wenn Photonen gar nicht existieren? Was ist, wenn das Phänomen des Photonen-Übergangs nur eine Erscheinung der nichtlinearen Vorgänge von EM-Wellen innerhalb des »Schwingkreises« des einzelnen Atoms ist? Was, wenn das Elektron eines Atoms mit einem bestimmten Orbital-Level sich wie eine abgestimmte Schaltung verhält, die mittels Resonanz solange Energie aus einem oszillierenden EM-Feld absorbiert, bis ein plötzlicher Bruch auftritt, der einem »Quantensprung« ähnelt, bei dem aber gar keine Photonen beteiligt sind? Unter Annahme der nichtlinearen Wellenmechanik können wir vielleicht davon ausgehen, dass Elektronen und Atome selbst Wellen in einem Feld sind und gar nicht als Partikel existieren, außer in einer sehr kurzen Zeit in einem sehr kleinen Volumen.

All dies ist reine Spekulation. Allerdings hat es mich sehr erschreckt. Ich bin durch das »Reich der Spinner« gewandert und ich sage jetzt, dass vielleicht Einstein falsch lag, die Gründer der Quantenmechanik ebenfalls und die ganze moderne Physik in einer Sackgasse steckt und nur raumfüllende elektromagnetische Felder wirklich existieren, weit weg von Photonen-Partikeln. Der zweite Schritt auf der Treppe zum totalen Wahnsinn entpuppt sich als schlüpfrig, und die verbleibenden Stufen entpuppen sich als brutal dick gefettete Bretter, die einem schnell den Weg nach unten zeigen.

Wenn ich mich jetzt auf den Resonanz/Tunnel-Effekt berufen und somit herausfinden kann, wie Photonen-Emissionen ohne Photonen funktionieren, dann werde ich bereit sein für eine große Zeit. Haben Sie eine Idee?

Geistesblitz

Angenommen ein Atom/Schwingkreis hat ein großes Resonanz-Signal aufgebaut. Angenommen die Schwingung hat einen Augenblick erreicht, in dem der atomare innere Kondensator die höchste Spannung besitzt und der augenblickliche Strom in der Spule Null ist. Angenommen wir unterbrechen dann die Verbindung zwischen Spule und Kondensator. Nun haben wir die Energie als Gleichspannung in dem Kondensator gespeichert. Die Schwingung hört auf, obwohl ein externes Dipol-Feld zurückbleiben kann. Der Atom-interne Kondensator ist »aufgeladen« (oder wir können sagen, dass das Elektron in einen höheren Zustand versetzt wurde).

Nehmen wir nun an, dass wir Kondensator und Spule wieder verbinden. Die Sache wird wieder zu oszillieren beginnen und die Dinge werden so werden, wie sie vor der Unterbrechung waren. Aber warten Sie eine Sekunde! Wenn wir die Verbindung asynchron zu der erregenden Welle schalten, dann wird die Phase zwischen dem oszillierenden atomaren Feld und den ankommenden Wellen nicht korrekt sein. Der Energie-Saug-Effekt wird nicht länger anhalten. Was wird geschehen? Sehr wahrscheinlich wird das Atom zu einem Strahler. Es wird senden. Abhängig von der bestehenden Phase wird es ein Beugungsmuster um sich erzeugen. Falls dieses Beugungsmuster mit seinem Maximum auf einem benachbarten Atom landen sollte, kann es sein, dass dort der Prozess des »Energie-Saugens« in Gang gesetzt wird. Auf diese Weise scheint es, dass das erste Atom ein Photon emittiert und das zweite Atom absorbiert ist. In Wirklichkeit sind nur elektromagnetische Felder beteiligt, keine Photonen werden benötigt.

Das vorstehende Gedankenexperiment impliziert, dass, sobald ein einzelnes photonähnliches Ereignis eingetreten ist, es eine gute Chance gibt, dass jede Energie die von einem Atom während stimulierter Emission ausgesandt wird, ein zweites Ereignis in einem Nachbaratom auslöst. Aus diesem Grund »scheint« es, dass ein Energiepaket von einem Atom zum anderen springt wie die silberne Kugel in einem Flipper-Automat. Verrückt!!!

Für meinen nächsten Trick werde ich versuchen, ein unmittelbares Kommunikationssystem mittels Quanten-Verschränkung aus dem Hut zu zaubern.

Nichts befindet sich in meinem Ärmel, außer nackten Einzelheiten.

Ich nehme dafür den Zauberhut mit Größe 7,5.

Andere Sache:

Wenn diese atomaren EM-Wechselfelder real sind, welche Auswirkungen könnte das auf die Elektronikdynamik haben? In einem festen Stoff müssten diese Felder mit den benachbarten Atomen interagieren. Vielleicht basieren chemische Bindungen auf diesen oszillierenden klassischen Feldern anstatt auf Elektronenbindungen. Oder vielleicht sind es diese Felder, welche die Verteilung der Elektronen auf die Orbitale bewirken. Und wie beeinflussen die atomaren EM-Wechselfelder unsere Vorstellung von Brechungsindex, Leitfähigkeit etc.? Kann Energie durch diese Felder transportiert werden anstelle der üblichen Übertragung durch EM-Wellen? Wie beeinflussen sie unser Bild von der internen Struktur des Atoms? Was passiert, wenn das Atom ein linearer elektromagnetischer Empfänger ist, mit einer Art nichtlinearem Energiezähler, der auf einen höheren Level gebracht werden kann, wenn die eingefangenen Resonanzwellen intensiv werden? Könnten wir starke EM-Felder erzeugen und damit die Schwingkreise in den Atomen zu anderen Resonanzfrequenzen manipulieren? Wenn ja, müsste es möglich sein, die Durchsichtigkeit von Materie oder ihren Brechungsindex zu verändern, oder chemische Bindungen direkt mittels externer elektromagnetischer Felder zu beeinflussen. Welche verborgenen Dinge werden passieren, wenn die extern angelegten EM-Wechselfelder die resonanten Oszillatoren von Atomen veranlassen, in XY-Quadratur zu oszillierenden anstatt eindimensional?

5   Teslas großer Irrtum?

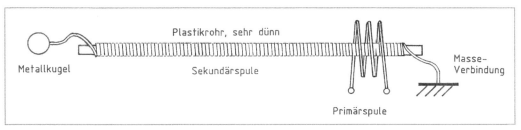

Abb. 5.1: Eine typische Tesla-Spule

Wenn wir eine einlagige Spule aus Draht auf ein sehr langes Plastikrohr wickeln, haben wir einen Tesla-Resonator wie in Abb. 5.1. Im Wesentlichen ist dies eine elektrische Übertragungsleitung. Wir können eine Wechselspannung mittels einer kleinen Primärspule einspeisen.

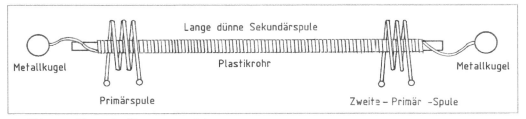

Abb. 5.2: Ein-Draht-Übertragungsleitung

Betrachten Sie Abb. 5.2. Wir haben nun eine »zweite Primärspule« am anderen Ende angebracht. Diese zweite Spule wirkt wie eine »Empfangsspule« und wird die Energie, die wir am anderen Ende einspeisen, empfangen. Weil unsere lange dünne Spule eigentlich nur ein einziges Stück Draht ist, haben wir es geschafft, Energie über einen »einzelnen« Draht zu senden. Es gibt keinen geschlossenen Stromkreis zwischen Primärspule und Empfängerspule. Das Ganze kann nur funktionieren, weil die lange dünne Spule langsam wandernde elektromagnetische Wellen unterstützt und die Elektronen darin sich so verhalten, als wären sie komprimierbar.

Nun bringen wir je eine Metallkugel an den Enden der Primärspule an, um Corona-Entladungen zu vermeiden, und schon haben wir ein einfaches elektrisches Power-Übertragungssystem gebaut. Speisen Sie hochfrequente AC-Energie in die erste Primärspule und die gleiche Energie kommt auf der weit entfernten »zweiten Primärspule« heraus. Wenn wir den Lastwiderstand an der »zweiten Primärspule« richtig wählen, dann wird die gesamte elektromagnetische Energie entlang der Übertragungsleitung von der »zweiten Primärspule« ohne Reflexion aufgenommen (Abb. 5.3).

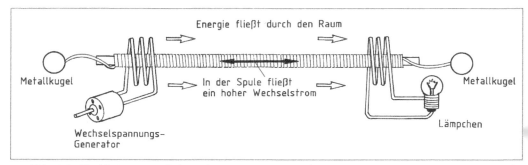

Abb. 5.3: Ein AC-Generator bringt eine Lampe zum Leuchten

Das ist die berüchtigte »Ein-Draht-Übertragungsleitung«. Sie arbeitet offensichtlich mit Longitudinalwellen! Es ist kein großer Trick dabei, hier ist konventionelle Physik im Spiel. Die wandernden elektrischen und magnetischen Felder um die lange Spule stehen immer im 90-Grad-Winkel zueinander. Aufeinanderfolgende Wellen positiver und negativer Ladung bewegen sich entlang der Spule und sind durch das umgebende elektromagnetische Feld miteinander verbunden. Die EM-Felder liegen quer zur Ausbreitungsrichtung und das einzige, was wie eine »Längs«-Welle wirkt, ist die Dichteverteilung der Elektronen im Draht. Ist das nicht eine verrückte Sache?

Nein. Innerhalb eines üblichen Koaxialkabels bewegen sich die Elektronen als Teil einer Kompressions-Welle, obwohl die elektromagnetischen Felder im Kabel-Dielektrikum eine quer liegende Transversalwelle bilden.

In konventionellen Kabeln gibt es immer mindestens zwei Leitungen. Die Spannung dazwischen bildet das E-Feld der elektromagnetischen Welle. In der Ein-Draht Spulenleitung wird das E-Feld durch die verteilten positiven und negativen Ladungen entlang der Spule gebildet. Der einzelne Draht wirkt als eigene Strecke. Die Bewegung der Elektronen im Draht erzeugt das Magnetfeld der elektromagnetischen Welle.

Interessant? Ein einzelner Draht als Übertragungsleitung! Das verstößt nicht gegen die Gesetze der elektromagnetischen Wellen, obwohl nach diesen Gesetzen EM-Longitudinalwellen gar nicht existieren. Das dargestellte Prinzip verstößt aber gegen die Grundregeln des elektrischen Stromkreises, nach dem ein Stromkreis immer geschlossen sein muss (bestehend aus Hin- und Rückleiter). Hier gibt es nur einen einzigen Leiter auf dem Plastikrohr, entlang dem die Energie übertragen wird. Die elektrischen Ladungen innerhalb der Spule schwingen auf der Stelle hin und her, während die Energie entlang der dünnen langen Spule zur Empfangsspule wandert.

Aber das Prinzip ist eigentlich nichts Neues. Vor langer Zeit las ich einen Artikel über »Ein-Draht-Übertragungsleitungen«. Das hatte nichts mit Tesla zu tun. Es handelte sich vielmehr um ein Mikrowellen-Übertragungs-System, bekannt unter dem Namen »Goubau-Leitung«, abgekürzt G-Leitung. Der Artikel stand in einer Radio-Amateur-Zeitschrift irgendwann zwischen 1960 und ca.1970. Dort wurde beschrieben, wie man Mikrowellen oder UHF-Signale entlang einer einzigen dünnen Leitung transportieren kann, solange dieser Draht mit einem Dielektrikum beschichtet ist. Ein Dielektrikum ist ein Material, das ein E-Feld wesentlich besser leitet als das Vakuum, zum Beispiel ein geeigneter Kunststoff (siehe Abb. 5.4).

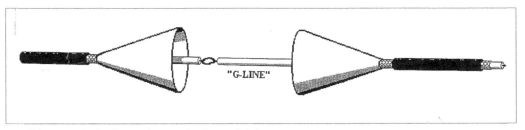

Abb. 5.4: Die Goubau-Leitung oder kurz »G-Leitung«

So eine G-Leitung lässt sich ganz einfach aus einem Koaxialkabel herstellen. Man entfernt den elektrischen Kabelmantel, lässt das Innere, wie es ist, und lötet, wie in Abb. 5.5 zu sehen, zwei kegelförmige Kupfertrichter an den ankommenden und den abgehenden Koaxialkabelmantel. Dazwischen befindet sich nur noch der Koaxial-Innenleiter mit dem umhüllenden Dielektrikum (Kunststoff-Isolierung).

In der vorstehenden Abbildung kann der Teil mit dem Einzeldraht in der Mitte beliebig lang sein. Der Trichterdurchmesser muss größer als eine halbe Wellenlänge sein. Die Metalltrichter wirken als Wellen-Schleudern bzw. als Wellen-Fänger. Sie bewirken die elektrische Anpassung zwischen Koaxialkabel und G-Leitung. Wichtig ist das Dielektrikum direkt auf der Leitung. Ohne dieses würden die elektrischen Wellen den Draht verlassen und im Raum verschwinden. Das Dielektrikum bewirkt eine Verlangsamung der Ausbreitungsgeschwindigkeit der Wellen gegenüber dem freien Raum. Deshalb werden die Wellen immer wieder in Richtung des Drahts »hingebogen« (hingebremst). Die G-Leitung darf in ihrem Verlauf auch gebogen sein, jedoch nicht geknickt. Der Biegeradius sollte ein Mehrfaches der verwendeten Wellenlänge betragen. Dann folgen die Wellen dem Draht und verlassen ihn nicht.

Kapitel 5: Teslas großer Irrtum?

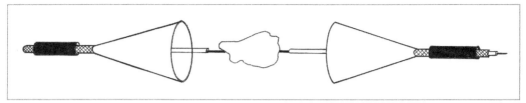

Abb. 5.5: Das E-Feld der G-Leitung erstreckt sich längs zwischen den Bereichen der schwingenden Ladungen

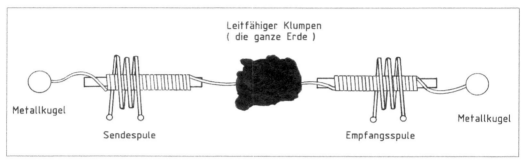

Abb. 5.6: G-Leitung mit einem großen leitfähigen Stück Materie

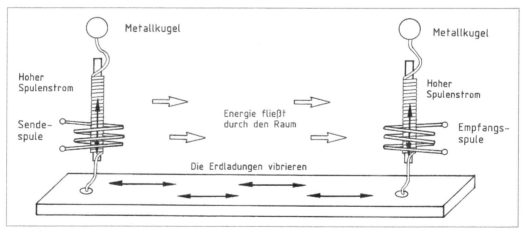

Abb. 5.7: Tesla-Spule und G-Leitung umspannen die Erde

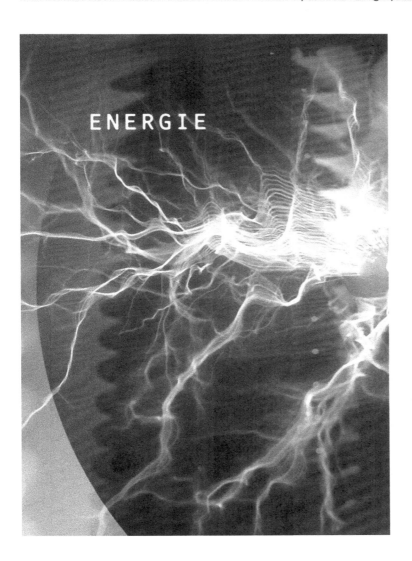

Kapitel 5: Teslas großer Irrtum? 65

Abb. 5.8: Der Boden als Transmissions-Linie

Abb. 5.9: Ladungen schwingen hin und her, während die Energie nach rechts fließt

Das Prinzip kann ganz offensichtlich nur mit Wechselspannung arbeiten, denn es gibt keinen geschlossenen Stromkreis. Stattdessen haben wir Wellen von »komprimierten Elektronen«, die sich entlang eines einzelnen Drahts ausbreiten. Versuchen wir, das einmal mit einer Analogie bei Flüssigkeiten zu erklären: Die Analogie eines elektrischen Stromkreises wäre die geschlossenen Schleife eines mit Wasser gefüllten Schlauchs. Um Energie in einen beliebigen Teil der Schleife zu transportieren, zwingen wir das Wasser an einer anderen beliebigen Stelle zum Fließen (Pumpe), worauf das Wasser in der gesamten Schleife zu fließen beginnt. Es ist ähnlich wie bei einem Antriebsriemen.

Nun die Frage: Können wir ein Übertragungssystem mit einem einzigen geraden Stück Schlauch, das an beiden Enden geschlossen ist, verwirklichen? Ja! Wir können Druckwellen an einem Ende einspeisen, sie breiten sich im Schlauch längs aus und können am anderen Ende als Energie entnommen werden. Obwohl das Wasser im Schlauch im Wesentlichen immer an der gleichen Stelle bleibt, also nicht mehr fließen kann, transportiert es Energie in eine Richtung. Diese Ein-Draht-Übertragungssysteme funktionieren nur mit Wechselfeldern, falls ein konstanter Energiefluss erfolgen soll.

Da es bei der Goubau-Leitung nur einen Leiter gibt, muss sich der E-Teil der EM-Welle zwischen aufeinanderfolgenden unterschiedlichen Ladungspaketen bilden und damit entlang dem Draht fortpflanzen. Die »Spannung« der Übertragungslinie erstreckt sich außerhalb als radiales E-Flussfeld von einem positiven Ladungspunkt zu einem negativen Ladungspunkt auf der Linie. Im Koaxialkabel verläuft das E-Feld dagegen radial vom Innenleiter zum Mantel. Die M-Komponente des EM-Felds verläuft bei der G-Leitung wie bei einem normalen Draht kreisförmig um den Mittelpunkt. Die Energieflussrichtung entlang des Drahts wird üblicherweise durch den »Poynting-Vektor« dargestellt.

Wir haben hier eine Ein-Draht-Übertragungslinie mit Transversal-Wellen im Raum und Elektronendichte-Wellen innerhalb des Drahts. Die Elektronen vibrieren im Draht, während sich die EM-Welle außerhalb fast mit Lichtgeschwindigkeit an den Draht gebunden fortpflanzt. Es ist ähnlich wie bei den Schallwellen eines Konservendosen-Telefons. Die Elektronen übernehmen die Aufgabe der Cellulose-Fasern und die Schallwellen werden ersetzt durch Transversal-EM-Wellen. Aber im Falle der Goubau-Leitung wird die Energie im EM-Feld der schwingenden Elektronen gespeichert, analog zur kinetischen und potenziellen Energie in der Schnur des Konserventelefons.

Welchen Bezug hat das Ganze zu Tesla?

Nun, wenn wir schon einmal die Möglichkeit haben, Energie entlang eines einzelnen Drahts zu senden, so sollte es auch möglich sein, Energie entlang eines jeden beliebigen Leiters zu übertragen, vorausgesetzt, der Leiter ist von einem Dielektrikum umgeben!

Jedes metallische bzw. elektrisch leitende Teil könnte in die G-Leitung eingefügt werden. Gut, es würde wahrscheinlich gewisse Reflexionen geben am Übergang zwischen der dünnen G-Leitung und einem beliebigen Metallstück. Aber das ist in diesem Fall nicht so entscheidend. Mit der Konfiguration kann man Wellen entlang der Oberfläche eines leitenden Objekts senden, während im Inneren die freien Elektronen in Längsrichtung schwingen.

Wo haben wir so etwas schon einmal gehört? Genau, in Nikola Teslas »World System«, indem er beabsichtigte, nutzbare Energiemengen an beliebige Empfänger überall auf der Erde zu übertragen.

Nehmen wir an, in der obigen Grafik würde das beliebige Metallstück ersetzt durch den gesamten Planeten Erde! Nehmen wir weiter an, die kegelförmigen Anpasstrichter würden durch große, in den Himmel ragende Kugeln ersetzt, die eine virtuelle kapazitive Bezugsmasse bilden. Angenommen, die Frequenz der Wellen sei unterhalb des UHF-Bandes, dann wirkte die gesamte Erde als Goubau-Leitung, als Ein-Draht-Übertragungssystem (Abb. 5.6).

In seinen Schriften zeigt sich Tesla überzeugt, dass seine Geräte nicht die Physik der Hertz'schen Wellen benutzen. Er hatte Recht ... und Unrecht. Wenn sich Radiofrequenzenergie frei durch den Raum fortpflanzt, so sind die E-Komponenten und M-Komponenten quer zur Ausbreitungsrichtung ausgerichtet. Es gibt dabei keine Elektronen, sie werden bei Radiofrequenzenergie in der Welle nicht benötigt. Wenn aber EM-Energie entlang eines Kabels fließt, sind Elektronen beteiligt, die freien Elektronen in Metallen. Die Elektronen oszillieren hin und her und die EM-Wellen laufen außerhalb der Metalloberfläche (Abb. 5.7). Warum ist das wichtig? Weil die Physik der Ein-Draht-Übertragungsleitung die Physik des Nahfelds einer Spule oder Kondensators ist, nicht die Physik von frei sich ausbreitenden Hertz'schen Wellen.

Als Tesla Energie um die Erde schickte, benutzte er die Erde als elektrisches Kabel. Seine Wellen waren direkt gekoppelt an die Ladungen innerhalb der Erdoberfläche. Er sandte keine reinen Radiowellen aus, obwohl die Frequenz der Tesla-Wellen dieselbe wie die der Radiowellen sein kann. Stattdessen benutzte er ein Ein-Draht-Übertragungssystem, in dem die leitende Erde als Draht diente. Teslas Technologie verwendet die Nahfeld-Auswirkungen von Spulen, Kondensatoren und Leitungen, keine Dipol-Antennen, wie sie die Hertz'schen-Wellen verwenden, und in dieser Hinsicht waren seine Wellen Nicht-Hertz'sche-Wellen.

Aber Moment! Die ganze Sache kann nur funktionieren, wenn die Erde mit einer dielektrischen Substanz überzogen ist. Ohne Dielektrikum würden die Wellen nicht verlangsamt und folgten nicht der Erdkrümmung, sondern würden in den Weltraum entweichen. Die Atmosphäre liefert diese Beschichtung und der Widerstand der Erdkruste hilft mit, die Wellen zu verlangsamen, sodass sie der Erdoberfläche folgen können. Und noch besser: Es ist die leitfähige Ionosphäre, die wie ein Mantel eines Koaxialkabels wirkt und die Wellen zusätzlich auf der Erde hält.

Tesla benutzte die Erde als Übertragungs-Leitung. Er lag richtig, wenn er darauf bestand, dass er Longitudinalwellen in einem »natürlichem Medium« erzeugte. Er hatte Recht, als er sagte, dass die Erde nicht nur eine Spannungsreferenz sei. In diesem Fall ist das »natürliche Medium« die Ansammlung der mobilen Ionen im Schmutz und in den

Ozeanen, die der Erde ihre Leitfähigkeit ermöglichen. Tesla verwandelte die Oberfläche in einen G-Leitungsdraht. Jedes elektrische Gerät könnte einen Teil der ausgesandten Energie empfangen, solange es mit der Erde und einem erhöhten Metallobjekt verbunden ist.

Was war also Teslas großer Fehler? Zunächst erkannte er nicht, dass die Erdatmosphäre von entscheidender Bedeutung für die Wirksamkeit seines Systems war. Würde die Erde als große, leitende Metallkugel im Weltall hängen, ohne Atmosphäre, ohne Ionosphäre, so würde Teslas System nicht funktionieren. Die Wellen würden zunächst am Boden entlangwandern und bald in den Weltraum entschwinden. Sein System wäre eine Goubau-Leitung mit einem scharfen Knick in der Mitte gewesen. Außer einer geringen Beugung würden sich die Wellen weigern, beständig der Erdkrümmung zu folgen, und in den Weltraum entschwinden. Wegen der »dielektrischen« Wirkung der Atmosphäre und der Anwesenheit der leitenden Ionosphäre war Teslas System möglich. Doch jeder Wissenschaftler der damaligen Zeit hätte Recht gehabt, dass Teslas System jeder damals bekannten Theorie völlig widersprach.

Wäre Tesla von den damals bekannten Theorien ausgegangen, hätte er nie den Pfad eingeschlagen, auf dem er gewandelt ist. Tatsächlich startete er mit empirischen Beobachtungen, dass die Erde elektromagnetisch in Resonanz gebracht werden kann wie eine angeschlagene Glocke. Die Atmosphäre und die Ionosphäre bewirken dies, Tesla wusste nur, dass es funktioniert, aber er wusste nicht, warum, zumindest anfänglich.

Teslas weiterer großer Fehler war, zu glauben, dass sein drahtloses Übertragungssystem nichts mit Hertz'schen Wellen zu tun hätte. In der Tat sind die Wellen in einer koaxialen Übertragungsleitung nicht wesentlich anders als die Wellen, die von einer Dipol-Antenne ausgestrahlt werden. Ob es sich um »Nahfeld-« oder »Fernfeld-Gleichungen« handelt, Elektromagnetismus ist Elektromagnetismus.

Teslas Fehler war nicht wirklich sehr groß, besonders nicht im Vergleich zu den zeitgenössischen Wissenschaftlern, die absolut sicher waren, dass die Erde keinerlei Resonanzfrequenz hat, die »wussten«, dass Funkwellen nicht in Kurven um die Erde wandern und die Teslas drahtloses Übertragungssystem für undurchführbar hielten, weil es alle bekannten Physikgesetze verletzte. Als »Schumans« VLF-Erd-Resonanz in den 1950er Jahren wiederentdeckt wurde, wagte niemand aus den konventionellen Wissenschaften zuzugeben, dass Tesla die ganze Zeit Recht hatte.

Tesla ist meist ein Held im »Underground der Nicht-Wissenschaftler«, während er in konventionellen Kreisen immer noch dafür belächelt wird, elektrische Energie ohne Drähte, oder besser die Energie durch den Boden zu übertragen. Jeder »weiß« (noch), dass dies unmöglich ist, auch in der Theorie.

6 Moderne Tesla-Schaltungstechnik

Für Tesla-Experimente sind in der Regel hohe Wechselspannungen und hohe Frequenzen erforderlich. In den meisten Fällen ist die typische Teslaspule unvermeidlich, es gibt aber auch »Solid-State«-Teslageneratoren, mit denen reizvolle Versuche durchgeführt werden können.

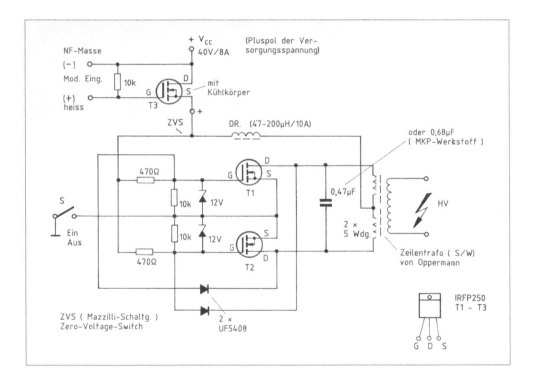

Eine derartige Schaltung ist oben angegeben und unter dem Begriff Zero-Voltage-Switch bekannt.

6.1 Zero-Voltage-Switch (ZVS)

Unter anderem wird sie auch als Mazzilli-Schaltung bezeichnet. Es handelt sich um eine Art Gegentakt-Sender mit MOSFET-Transistoren. In dieser Applikation ist eine Modulationsstufe in Serie zur Plus-Versorgung vorgesehen. Dies bedeutet, dass der Lichtbogen am Zeilentrafo-Ausgang im Rhythmus der NF-Spannung moduliert wird.

6.2 Der modulierte ZVS

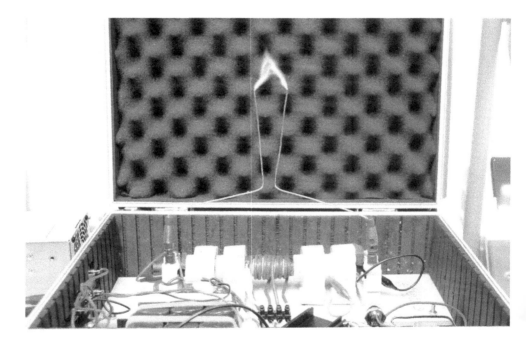

6.2 Der modulierte ZVS 71

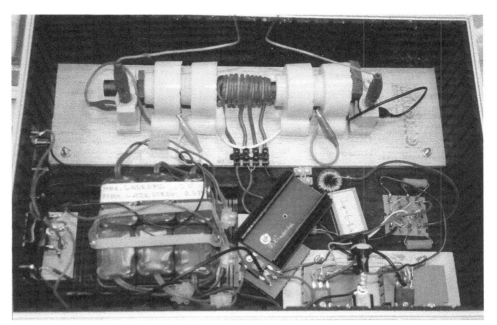

Gesamtaufbau der ZVS

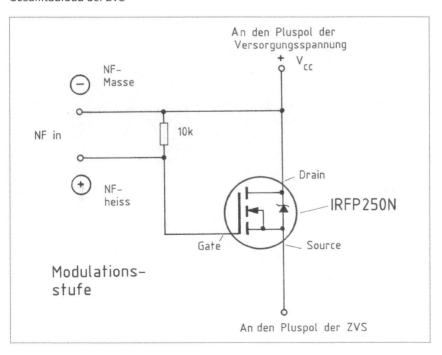

Modulations-
stufe

Kapitel 6: Moderne Tesla-Schaltungstechnik

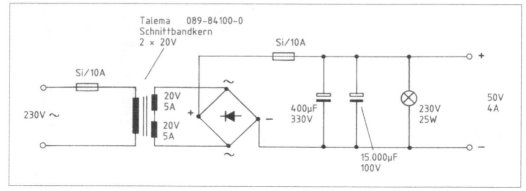

Stromversorgung

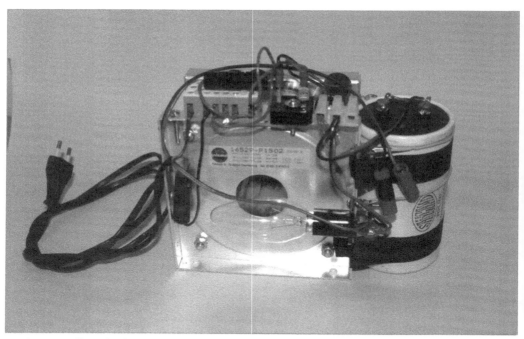

Gesamtaufbau der Stromversorgung

6.2 Der modulierte ZVS

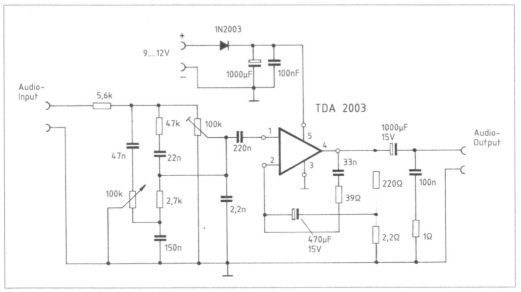

NF-Verstärker

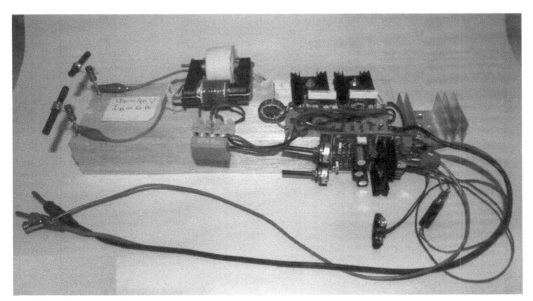

ZVS mit einem Zeilentrafo

Zur Modulation der ZVS ist ein kleiner NF-Verstärker erforderlich. Der Bausatz stammt von der Firma Pollin und leistet ca. 6 W bei 4 Ω. Das Foto zeigt den kompletten Aufbau des »singenden« Teslagenerators mit zwei Kohleelektroden zur Lichtbogenerzeugung. Der Generator arbeitet mit nur einem Zeilentrafo.

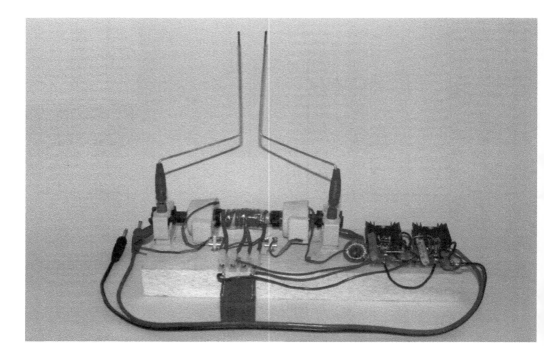

Eine Variante dieses Teslagenerators wird im Bild oben gezeigt. Dieser Generator arbeitet mit einem Ferritstab der Firma Amidon und zwei Zeilentrafos von Oppermann-Elektronik. Zum Betrieb der Jakobsleiter dienen hier zwei Kleiderbügeldrähte. Dieser Generator darf nur mit Last, also nur mit einem brennenden Lichtbogen betrieben werden. Andernfalls schmilzt der Ferritstab.

6.3 RF-Push-Pull-Oszillator

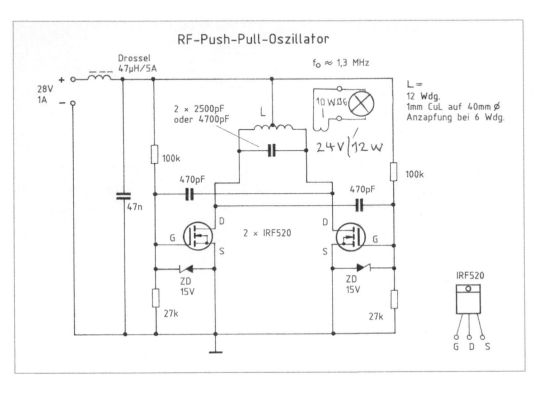

Ein leistungsfähiger RF-Push-Pull-Oszillator wird im Bild oben gezeigt. Da die 470-pF-Rückkopplungskondensatoren stark belastet werden, empfiehlt sich die Reihenschaltung von je 1000 pF zur Erzielung einer Gesamtkapazität von ca. 470 pF.

6.4 Class-A-MOSFET-Oszillator

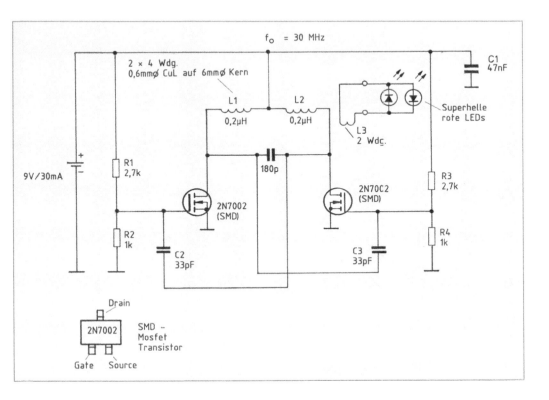

Im Bild oben wird eine Oszillatorschaltung mit SMD-MOSFETS gezeigt. Den Kontakt der SMD-Pins mit dem fliegenden Platinenaufbau herzustellen ist ein nervtötendes Unterfangen.

Der Oszillator steuert zwei superhelle, rote LEDs an.

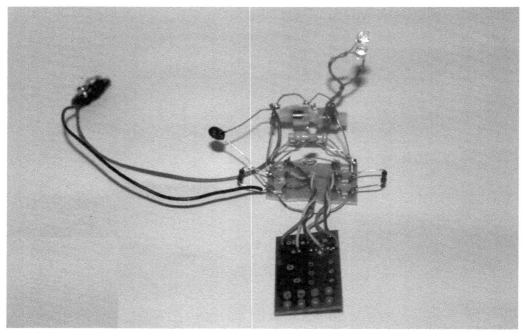

Schaltungsaufbau des 4-MHz-Oszillators

6.5 4-MHz-Teslagenerator

Ein Solid-State-Teslagenerator für die hohe Frequenz von 4 MHz ist im Bild oben zu sehen.

Der PLL-Baustein CD 4046 lässt sich mit dem 4,7-k-Poti auf die gewünschte Schwingfrequenz hinziehen. Nach zwei Buffer-Stufen wird der MOSFET IRF 630N angesteuert.

Zum Betrieb des Solid-State-Teslagenerators werden ca. 40 V benötigt. Die Schaltung ist noch nicht ganz ausgereift. Der IRF 630N neigt zum Durchbrennen.

6.5 4-MHz-Teslagenerator

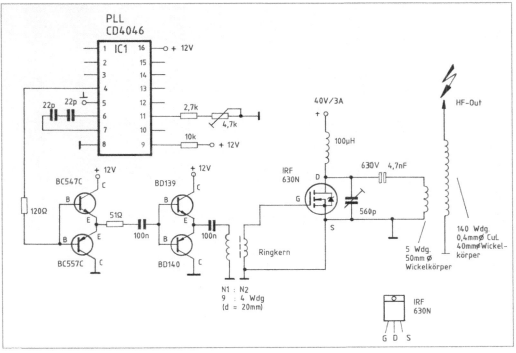

4-MHz-Teslagenerator

Eine kleine Teslaspule zeigt das obige Bild. Sie schwingt auf 4 MHz. Mittels des PLL-Bausteins kann die Schwingfrequenz variiert werden.